化妆师

主 编 王 辉

天津出版传媒集团
天津科学技术出版社

图书在版编目（CIP）数据

化妆师 / 王辉主编. — 天津 ：天津科学技术出版社，2021. 4

ISBN 978－7－5576－8835－6

Ⅰ. ①化… Ⅱ. ①王… Ⅲ. ①化妆－职业培训－教材 Ⅳ. ①TS974. 12

中国版本图书馆 CIP 数据核字（2021）第 061283 号

化妆师
HUAZHUANGSHI
责任编辑：陶　雨

出版：天 津 出 版 传 媒 集 团 / 天津科学技术出版社
地址：天津市西康路 35 号
邮编：300051
电话：(022) 23332400
网址：www. tjkjcbs. com. cn
发行：新华书店经销
印刷：北京富泰印刷有限责任公司

开本 880×1230　1/32　印张 3. 5　字数 92 000
2021 年 4 月第 1 版第 1 次印刷
定价：20. 00 元

编委会名单

主　编　王　辉

副主编　唐　佳　刘有弟　刘　建

　　　　张天树　张潇潇　韩玉璀

前　言

随着社会的发展，艺术生活化、生活艺术化的趋势日趋明显，人们在追求感性美的同时也非常注重形式美、个性美与知性美的统一；另一方面，化妆的多样性应用也非常明显，化妆不再局限于艺术表演范畴，已经扩展到了商业摄影、体育表演、广告制作、影视生产、舞台、音乐制作、中外合拍片、模特时尚、服装服饰、期刊出版、化妆产品形象代言、公众人物形象顾问、明星私人化妆师等广泛领域。进入 21 世纪后，化妆师已经成为新兴的、时尚的通用职业（工种）。

在对化妆概念性内容进行适当的阐述的基础上，详细地介绍了化妆师的职业概述、理论基础、发展简史、化妆美学原理、发型、服装服饰基础、化妆基础等内容。

本书不仅适合化妆初学者，也适用于职场工作者，特别是需要学习整体形象设计及搭配技巧的职场人士，是一本非常实用的教材。

编　者

目 录

第一章　化妆师的职业概述

第一节　认识化妆

一、化妆的概念

运用现代的化妆品和化妆工具，采用正确的操作步骤和技术手段，对化妆对象的面部、五官及其他部位进行描画、渲染、整理，增强其立体效果，调整其面部形色，掩饰其五官缺陷，表现其气质神采，从而以达到美化其个人整体形象的视觉感受为最终目的，这种技能手法称为化妆。

化妆能表现出化妆对象所特有的个人气质特点，焕发个人风韵，增添气质魅力。

一个完美的化妆造型作品能为化妆对象唤起心理和生理上的潜在活力，增强个人的自信心，并使其精神焕发，还有助于消除疲劳，延缓衰老。

化妆是一种历史悠久的人体美容技术。古代人们在面部和身上涂上各种颜色和油彩，表示神的化身，以此驱魔逐邪，并显示自己的地位和存在。后来这种装扮渐渐变为具有装饰的意味，一方面在戏剧演出时需要改变人物面貌和装束，以展现剧中人物；另一方面是由于实用而兴起并改良和发展，例如，古代埃及人在眼睛周围涂上墨色，以使眼睛能避免直射日光的伤害；在身体上涂上香油，以保护皮肤免受日光和昆虫的侵扰等。如今，化妆成为满足所有人提升自身形象美的一种手段，其主要体现在化妆师运用人工技巧，利用化妆品和化妆工具诠释和塑造化妆对象的美。

二、化妆的分类及作用

（一）化妆常用的分类

（1）按性质及用途分，化妆分为生活化妆（包括生活日妆、新娘化妆、职业化妆等）、艺术化妆（包括舞台化妆、戏剧化妆、写真化妆等）。

（2）按色度分，化妆分为淡妆和浓妆。淡妆多用于生活日妆、职业妆等；浓妆运用于特殊的场合。

（3）按冷暖分，化妆分为冷妆和暖妆。冷妆是指化妆后，妆面整体效果偏冷的妆型，而暖妆是指化妆后，妆面整体效果偏暖的妆型。冷妆和暖妆最大的区别是指其妆面色彩上的冷暖区分。其化妆手法和方式不变，主要的色彩搭配和色彩运用要协调合理。接近太阳的颜色为暖色，接近海洋的颜色为冷色，黑白灰为中间色系。

按色度分的淡妆是对自身面容的轻微修饰，如日妆（生活淡妆）、职业妆、休闲妆、时尚妆（裸妆、糖果妆、烟熏妆）等。

小贴士

在此需要给大家补充说明一下化妆的分类及适用场合。化妆按照性质及用途所分的生活化妆又称为唯美妆，唯美妆是在生活中，以个人的基本样貌为基础，化妆师对化妆对象进行面部美化的妆容，是职业彩妆或者影楼化妆的常见妆容；舞台化妆是用于舞台表演的妆容，常见于各类化妆比赛、走秀、话剧或者歌舞表演；戏剧妆则是影视剧中根据剧本的要求进行的角色妆容设计。

（二）化妆的作用

1. 护肤美颜

化妆就是为了美化容颜。比如用营养化妆品可使皮肤光

洁、美观；用粉底霜可调整皮肤的颜色；描画眉毛可改变眉毛的形态；画眼线可使眼睛柔美传神；涂抹腮红可使面部艳丽红润等。

2. 增强自信

随着人们对外交往的社会活动增多，化妆在美化容颜的同时，还能提升个人自信心。

3. 健美健身

化妆不仅能令容颜美丽，而且还可以保护皮肤。比如使用防晒霜可使皮肤免受阳光的刺激和伤害；按摩膏可使皮肤增加弹性，延缓皮肤衰老；爽肤水可使面部毛孔收缩，爽滑细腻。可见，健与美是辩证的统一体。

4. 弥补面部缺陷

用化妆手段弥补或矫正面部缺陷是美容化妆的重要作用之一。化妆可使鼻梁显挺，长鼻显短，短鼻显长；可矫正眼形，小眼显大，吊眼或下垂眼显正；口红、唇蜜可使薄唇显丰满，厚唇显薄，模糊唇形变得轮廓清晰等。

三、化妆行业的现状及发展

（一）美容化妆行业的现状

中国化妆业及相关行业经过近 30 年的发展，近年来逐步走向成熟，市场成长率平均年增长幅度保持在 13%～15%。

近三年，在各行业分支占总行业份额的比例中，彩妆行业的份额每年增加比例在 2 个百分点以上，与香品市场一起不断压缩其他行业分支的份额，虽然与日韩、欧美等发达国家相比，中国的美容化妆行业规模还很小，但该行业在中国发展的潜力依然很大。

（二）美容化妆行业的发展前景

在中国，化妆行业作为一门新兴的产业，近年来其发展势头非常迅猛，随着现代人对美的不懈追求，影楼的蓬勃发展，各类选秀活动、时尚发布会的举行，电影和电视剧的需求，化妆造型师的职业可谓越来越炙手可热，成为不可或缺的社会职业角色。近年来化妆造型师的需求量迅速增长，特别是经过严格培训，掌握深厚理论功底和高超专业技能，且具有时尚和创新理念的高端化妆技术人才尤其紧缺。

目前，国内专业化妆师人才较为紧俏，化妆造型师以其时尚性、收入高、社会需求量大、易就业、受人尊重甚至崇拜的职业特点受到时尚人士，尤其是年轻人的热烈追捧。

近年来，国务院印发了《关于加快发展现代职业教育的决定》，“职业教育”第一次提高并上升到国民教育的战略层面。可以说，随着大众审美的提升以及国家政策的倾斜，“化妆师”这一以缔造人物气质形象为己任的技术型工种，必将在不久的将来迎来职业发展的“春天”。

第二节　化妆师的职业介绍

一、化妆师的定义与资格认证

（一）化妆师的定义

根据《中华人民共和国国家职业分类大典》划分，化妆师属于国家职业分类中第二大类“专业技术人员”第 10 中类“文学艺术工作人员”第 5 小类“电影电视制作及舞台专业人员”的第 8 个职业（工种）。根据国家对该职业的有关说明，化妆师的职业定义主要是指“从事影视、舞台演出等演员造型设计并完成造型工作的人员”。属于艺术范畴的化妆师职业和属于“社区和居民服务类”职业（工种）的美容美发师职业虽然在内容上有交叉部分，但在性质上有很大区别。

化妆师要具有一定的艺术造诣、美学素养、绘画基础，以

及历史知识和观察、分析生活的能力，能够掌握并熟练地运用化妆技法和技巧，带领和指导助手或学生完成合作方所规定的化妆任务。随着社会的发展，艺术生活化、生活艺术化的趋势日趋明显，人们在追求感性美的同时也非常注重形式美、个性美与知性美三者的统一；另一方面，化妆的多样性应用也非常明显，化妆不再局限于艺术表演范畴，已经扩展到了商业摄影、体育表演、广告制作、影视生产、舞台、音乐制作、中外合拍片、模特时尚、服装服饰、期刊出版、化妆产品形象代言、公众人物形象顾问、明星私人化妆师等广泛领域。

（二）化妆师资格认证及考核方式

进入21世纪后，化妆师已经成为新兴的、时尚的通用职业和技术工种。目前我国开展的化妆师国家职业资格考证只有初、中、高三个等级，申报条件见下表：

化妆师国家职业资格申报条件表

初级（国家职业资格五级）化妆师（具备下列条件之一者）	中级（国家职业资格四级）化妆师（具备下列条件之一者）	高级（国家职业资格三级）化妆师（具备下列条件之一者）
①经劳动或文化教育机构组织的本职业初级正规培训，达到标准学时数，并取得毕（结）业证书；②本职业学徒期满人员	①取得职业学校、艺术院校、普通中等专业学校相关专业中专以上毕（结）业证书；②取得本职业初级职业资格证书后，连续从事本职业工作2年以上	①取得本职业中级职业资格证书后，连续从事本职业工作5年以上；②取得职业技术学院、艺术院校、普通高等院校相关专业大专以上毕业证书；③连续从事本职业12年以上

考核方式分理论考试和实际操作，其中理论考试为闭卷的

形式，实际操作为按要求做出化妆造型。

小贴士

化妆师取得高级化妆师资格证以后，还可以通过学习、工作、考核等方法，在积累足够的行业经验之后，逐步取得“化妆技师”“高级化妆技师”等相关职业资格证书，下面将取得职业资格证书的条件逐一列出，供所有有志于在化妆行业做出一番成就的本专业学生牢固树立起职业目标及人生规划。

1. 化妆技师

满足下列条件之一者即可报名。

（1）取得高级职业资格证书后，连续从事本职业工作 5 年以上，经本职业正规技师培训达到规定标准学时，并取得毕（结）业证书。

（2）取得高级职业资格证书后，连续从事化妆工作 8 年以上。

（3）取得高级职业资格证书，并从事化妆工作 15 年（含 15 年）以上。

（4）大学本科化妆专业或相关专业毕业，并连续从事化妆工作 3 年以上。

对于长期从事化妆工作或具有化妆专业较高学历和艺术成就者，经审核批准，可以破格。

2. 高级化妆技师满足下列条件之一者即可报名

（1）取得技师职业资格证书后，连续从事化妆工作 4 年以上，经本职业正规高级技师培训达规定标准学时，并取得毕（结）业证书。

（2）取得技师职业资格证书后，连续从事化妆工作 6 年以上。

（3）取得技师职业资格证书，并从事本职业工作 20 年

（含 20 年）以上。

对于长期从事化妆工作或具有化妆专业较高学历和艺术成就者，经审核批准，可以破格。

二、化妆师的就业方向与发展前景

（一）化妆师就业方向

就目前化妆师的就业情况，主要分为两大类，一类为全职化妆师，另一类为兼职化妆师。兼职化妆师占大多数，即所谓“自由化妆师”。全职化妆师一般工作在各大婚纱影楼以及工作室等，自由化妆师主要是自己去接单、跑场，这一类的化妆师工作性质比较灵活，但是也比较不稳定。

化妆师目前的就业方向主要集中于以下几大方向：化妆品彩妆公司、广告传媒公司化妆造型、模特经纪公司化妆造型、化妆造型工作室、婚纱影楼、电视台及各类剧组片场等。在具体的工作内容上，可在形象设计工作室、美容院、发廊等担任形象设计师，在化妆品公司、广告公司、剧组、模特经纪公司、秀场、时尚造型工作室、化妆摄影工作室等任化妆师。

（二）化妆师的就业前景

随着现代生活水平的不断提高，人们对美的追求也越来越高，审美意识也在同步提升，化妆造型设计逐步从舞台走向生活，从艺术表现手段演变为美化生活的手段。（就像本书对美容化妆行业的发展前景一样）而造型师又以其时尚、收入高、社会需求量大、易就业、受人尊敬甚至崇拜的职业特点，受到时尚人士尤其是年轻人的热烈追捧，相信随着市场的不断扩大，化妆造型专业人才的需求量也必将越来越大，而化妆师的职业前景必然更为可观。

第三节 化妆师的职业

一、化妆师的个人修养及形象

作为一名化妆造型师，除了具备良好的专业化妆知识和出色的化妆技巧外，化妆造型师的个人素养和职业道德也是极为重要的，也是立足在这个时尚行业里不可或缺的要素。

（一）化妆造型师的职业形象

决定一个人的第一印象中，谈话内容占 7％，肢体语言及语气占 38％，而 55％体现在外表、穿着、打扮，而这就是美学针对《形象设计概论》总结出来的著名“73855”定律。

1. 发型整洁美观

化妆造型师的发型应以干净利落为基本要求。选择发型，不仅要考虑本人的脸型及性格，更要体现职业特点，做到整洁美观，任何过长、过于零乱的发型，都会有损自身形象，影响工作，同时也会失去顾客的信任。

2. 化妆清新自然

化妆造型师的个人形象可称之为活广告。怪异另类的装扮不适合化妆师的职业身份，作为一名优秀的化妆师，其妆容效果及整体形象应该是自然、清新、柔和、健康的。

3. 着装得体大方

化妆造型师的着装要体现其职业的特点。化妆造型师的穿着要得体大方，以方便工作为准则，服装要干净，不可有污渍和异味，其着装整体搭配协调为好。

4. 双手注意保养

化妆造型师的双手化妆时会经常与顾客的皮肤相接触，所

以从职业卫生的角度讲，化妆造型师要十分注意手的保养，应该经常用按摩霜、护肤霜保养双手，拥有一双肤质细腻洁净的手，是一名优秀化妆造型师的必备条件。

5. 语言亲切随和

恰当的谈话技巧是化妆造型师是否能够赢得顾客信任的重要因素之一，化妆造型师要善于了解顾客的心理，迎合顾客的兴趣，学会运用温柔的语气，亲切的语调，选择愉快的话题与顾客交谈，并在交谈中与顾客建立属于朋友间的友谊。

（二）化妆造型师的姿态规范

姿态，即人们所说的站、坐、走的姿势，待人接物的礼貌及言谈举止的仪容，化妆造型师的姿态美来自于日常个人的学习和内在修养，需要在服务中做到举止优雅、文明礼貌，给人以美的感受。

（1）站姿。优美的站立姿态：挺胸、收腹、直腰、提臀、颈部挺直，目光平视，下颌微收，双脚呈丁字形或 V 字形站立，身姿尽量做到挺、直、高。

（2）坐姿。正确的坐姿：上身挺直，双膝靠拢，两脚稍微分开，化妆造型师在为顾客服务时，身体上部直立，可适当前倾。

（3）步态。正确的步态：行走时头正、身直、步子不要迈太大，双脚基本走在一条直线上，步伐平稳，切忌左右摇摆、上下颤动。

（三）化妆造型师应避免的举止

作为优秀、成功的化妆造型师，应随时避免以下举止。

（1）公众场合大声咳嗽，丝毫不顾及他人感受。

（2）在顾客面前抽烟、嚼口香糖。

（3）公众场合说话声音大、尖声刺耳。

（4）当着顾客批评同事的技术不规范。

（5）与顾客谈论与工作不相干的私事。

（6）工作时姿势不端庄，站立时弯腰耸背，走路时身体左右摇摆。

（7）在顾客面前把音响或电视机的音量开得很大。

（8）背后说三道四，中伤他人。

（9）在引导顾客购买自己所推荐的产品时，恶意攻击顾客原来使用的产品品质不良。

（10）探听顾客的隐私。

（四）化妆造型师的工作要求

职业化妆造型师给顾客的第一印象十分重要，前面谈到化妆造型师的个人仪容仪表是对顾客的持久性广告，而良好的个人卫生习惯是胜任职业化妆造型师工作的基本保证。

（1）双手要加强手部皮肤护理，保持皮肤细嫩、手部清洁、工作前后用酒精适度消毒。

（2）工作要化淡妆，随时注意保持个人卫生。

（3）要保持口腔卫生清洁，切忌出现口腔异味，工作前不吃韭菜、大蒜等带有刺激气味的食品，不抽烟，不喝酒，工作中不嚼口香糖。

（4）粉扑要做到一客一洗，进行消毒，化妆工具要定时消毒、清洁，化妆品和化妆箱要保持整洁、干净，要与顾客有所交流，对顾客要热情、诚恳、礼貌。

（5）每天坚持沐浴，保持身体清洁，适量使用一点淡淡的、适合个人气质的清新香水为宜。

树立好自身职业化妆师的形象必须举止庄重优雅，谈吐斯文，待人待物热情有礼。首先要有丰富的工作经验，对工作能力有信心，着装整洁大方不夸张怪异，这是给顾客建立对自己信任的最基本条件。然后在自己的工作中发挥自己的技能水准，进而得到顾客认可，取得顾客的满意，这才是一名职业化妆师的最大殊荣。

归根结底，要成为一名出色的职业化妆造型师，首先要有一定的先天才华和潜质，具有敏锐的时尚触觉与前卫的思想，化妆造型师不但要有观察现实生活的能力，还要有构思设计的能力和动手创作的能力。作为一名职业化妆造型师，还要具备自己的风格及专业的服务意识，让每个人看到你的专业技巧、对工作的热诚投入，以及待人处事的真诚态度。除此之外，拥有良好的个人专业素养和优秀的职业道德才是开始真正迈向职业化妆造型师道路的第一步。

二、化妆师的职业道德

专业化妆师在从事化妆工作过程中，所应遵循的与化妆师执业活动相适应的行为规范就是化妆师的职业道德。

（1）对本职业有信心，认真工作。

（2）乐于学习上进。

（3）尊重他人的感受和权利，有同情心，能用平常心来配合同事、领导的工作。

（4）对所有的顾客礼貌，友善，公平，热情。

（5）说话语调适中，注意倾听他人的谈话。

（6）注意仪容仪表及个人卫生。

三、化妆师的职业规范

要成为一名成功的化妆师，不但要有丰富的彩妆相关理论知识水平和技能实操水平，还必须具备良好的职业规范。职业的化妆师应该认清是非，对待顾客、同事以及上级都要遵守相应的言行原则。保持良好的品行、好学的精神、敢于创新的头脑和一双善于发现美的眼睛，是成为一位有上进心的、有独特思维的、成功的化妆师的先决条件。

化妆师应具备的相应职业规范性：

（1）遵守公司、部门的有关规定。

(2) 对顾客要诚实、公平、不可厚此薄彼。

(3) 温婉有礼貌，尊重他人的感受及权利。

(4) 言而有信，负责尽职，让人了解你的可信性。

(5) 珍惜名誉，成为良好品德及优良职业行为的典范。

(6) 对上级忠诚，与同事合作无间。

(7) 他人说话时要注意倾听。

(8) 个人的仪表是最佳的广告宣传。

(9) 赞美他人要快，批评他人要慢。

(10) 随时保持工作区域的干净和整洁。

(11) 学习巧妙、专业的职业谈吐，培养悦耳动听的声音。

(12) 对顾客保持友善、礼貌、热情，在任何情况下都要坚持个人良好品德。

(13) 针对顾客的埋怨及诉苦在第一时间迅速采取合理的改善方法。

(14) 做好每日工作前的准备，不浪费时间，保证工作流程的快捷有序。

(15) 以正确的方式提升服务质量及口碑，合理引导顾客接受公司提供的额外服务。

(16) 对他人的帮助要表示感谢，对他人的缺点应容忍，并给予建议和帮助。

(17) 工作岗位上适时对于他人给予理解，试着从他人的角度去看事物。

(18) 工作时动作轻柔，匆忙草率的态度会引发顾客的不满，会给之后的流程埋下隐患。

(19) 乐于学习，健全心志，提高素质。

总之，保持高度的职业规范性与价值观念，是与顾客建立良好的信誉、增加更多顾客、获得个人职业领域成功的条件。

第二章　理论基础

第一节　素描

一、素描的基础知识

素描作为一门独立的艺术，具有相当的地位和价值，是其他造型艺术的基础，是美术中最单纯的造型形式。

广义的素描，指一切单色绘画表现的艺术作品；狭义的素描，专指以学习表现技巧，探索造型规律为目的，以线条明暗来表现对象的单色画。

（一）素描的基本原理和造型手法

1. 基本原理

素描研究的对象是物体的基本形态和一般变化规律。基本形态有物体的比例、形状等结构形式；变化规律有透视、视差对比等视觉因素。掌握这些形式和规律是造型的前提条件，素描可以利用它训练上的长期性和反复性，将这些问题逐一加以解决。

透视知识对于素描初级学习是非常必要的，造型的准确性很大程度上取决于透视的准确性。

（1）透视的基本术语。

视点：即作画者眼睛所处的观察点。

视线：目光投射的直线，是视点与视觉中物体之间的连线。

心点：是视域的中心，也就是作画者眼睛正对视平线上的点。

视平线：将心点延长的水平线，随眼睛的高低而变化。

消失点：也称灭点，物体由近及远产生透视变化，集中消失于一点。

(2) 主要透视画法。

一点透视，也叫平行透视（见图 2-1)。当一个立方体正对着观察者，它的上下两条边界与视平线平行时，它的消失点只有一个，正好与心点在同一个位置。

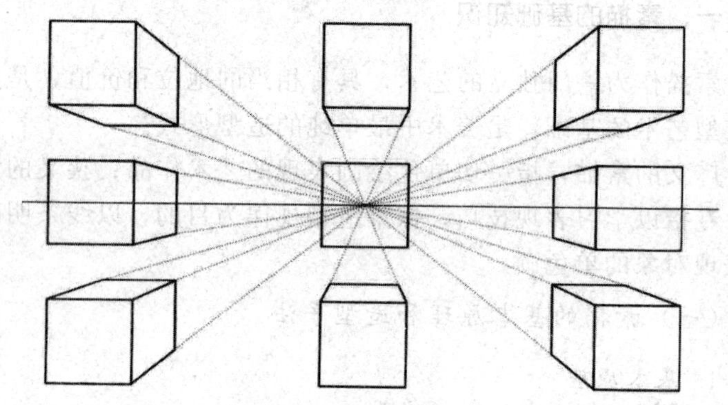

图 2-1　一点透视

二点透视，也叫成角透视（见图 2-2)。当一个立方体斜放在观察者面前. 它的上下两条边界就产生了透视变化，其延长线分别消失在视平线上的两个点。

2. 造型手法

素描的造型手法多种多样、风格迥异. 基本的表现手法有三类。

(1) 线条法。

线条是素描的基础. 打线条是素描的基本功。线条是一种

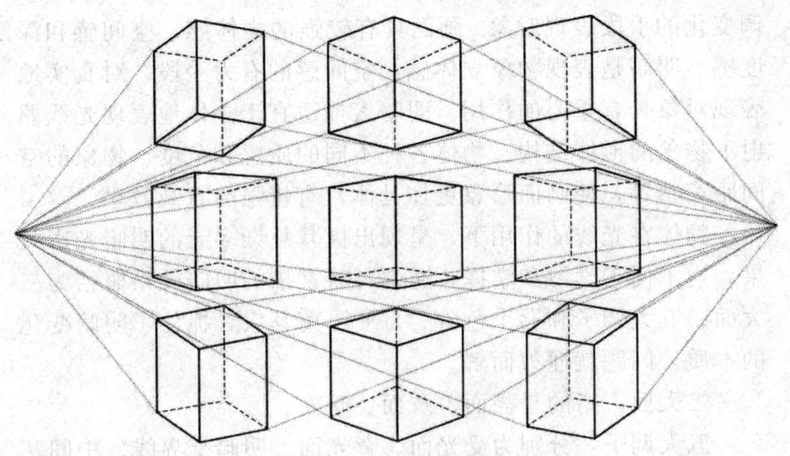

图 2-2　二点透视

明确的富有表现力和形式美感的造型手段，能直接、概括地勾画出对象的形体特征和形体结构。随着对象的不同，要求用不同的线条表现。线条还有表现节奏的作用，轻重起伏波纹式线条，或刚柔相间、长短穿插、曲直弯转、抑扬顿挫的线条，给人以音乐的节奏感。

线条法也称结构法，不强调甚至忽略明暗的表现作用。追求对形体的理解和概括表现，以研究对象结构构造为目的，以线条作为主要表现手段，强调物体的轮廓和内部结构，严谨探求结构连接和透视变化的表现手法。素描训练无论采取哪种手段，开始都要用线确定所有的关系。用不同种线条来寻找形体．用多条重要的辅助线划分比例定位置：用长直线画大的形体关系；用切线画出小的结构转折关系；用重线、实线表现近处和暗部；用淡线、虚线表现亮部和遥远的部分。在素描训练中通过对线的探索，逐渐认识线在绘画中的作用，并能通过线条创造美的造型。

（2）明暗法。

明暗表现法也称色调法．强调光影．主要用明暗对比、色调变化的手段表现对象. 画面具有较强的立体感、空间感和深度感。明暗是表现物象立体感、空间感的有力手段，对真实地表现对象具有重要的作用。明暗素描适宜于立体地表现光线照射下物象的形体结构、物体各种不同的质感和色度、物象的空间距离感等，使画面形象更加具体，有较强的直观效果。

物体在光线的作用下，呈现出极其复杂多元的明暗光影效果，为了便于学习和掌握，通常可将素描的明暗关系概括为三大面、五大调子和七个色阶。万变不离其宗，抓住了明暗变化的本质，问题就迎刃而解。

二大面：指的是亮面、灰面、暗面。

五大调子：分别为受光面、背光面、明暗交界线、中间灰面、反光面。

七个色阶：分别为高光、明部、次明部、明暗交界线、暗部、反光、投影。

（3）线面结合法。

线面结合法是素描常用的一种造型表现方法，结合了线和面各自的造型表现特点和优势，既注重对象严谨的结构构造关系，又强调丰富的明暗光影变化，具有很强的灵活性和表现性，它可以侧重线，也可以侧重面。这种画法既有线的优美，也有明暗的丰富，是一种比较成熟的素描表现形式。

画速写时也常采用这种表现手法，不仅能快速而概括地表征对象的结构特点，又能简明扼要地表现出对象的立体感和真实感，使画面的效果更完整。

素描的表现步骤因人而异，没有特定的程式和规则。就一般而言，遵循的原则就是整体观察、整体表现，大致可分为五个步骤。

①观察选位。观察，即学会用立体、整体的方法观察物体。从多维的角度，从整体到细节、从细节到整体仔细观察。总而言之. 由于描绘的对象是一个具有内在相互联系的不可分

割的整体，不论是结构关系、比例关系、黑白关系、体面关系、面线关系，都是相对存在、互相制约的，如果画时孤立片面地去对待，最终必定会失去画面的整体统一。由此可见，整体观察不仅是一个观察和表现的方法问题，也是一个思维方式方法问题。同时要树立起在空间深度上塑造形体而不是在平面上描绘这一概念，需要掌握透视知识和注意培养这种观察认识物象的习惯. 才能正确把握物体在画面上的恰当位置，做到看得立体，画得立体。选位，是为了选择一个好的角度观察、站位，以便合理、准确表现结构和透视规律。

②构图起稿。构图既是一种艺术手段，也是绘画的骨架。构图属于立形的重要一环，但必须建立在立意的基础上。任务就是根据题材、主题思想和形式美感的要求，将经过选择的各个对象，按一定的形式法则适当地组织安排在画面上，从而获得最佳布局，构成一个协调的完整画面，明确地表达其主题内容。概括地说，是利用视觉要素在画面上按空间把它们组织起来的构成，是在形式美方面诉诸视觉的点、线、形态，用光、明暗、色彩的配合。起稿是确定大轮廓、把握大形，绘出物体的基本形态。这时一定要有整体观念。

③铺明暗大调。明暗现象的产生是光线作用于物体的反映，建立在物理光学的基础上。没有光就不能产生明暗。物体受光后出现受光部和背光部。由于物体结构的各种起伏变化，明暗层次的变化是很多的。五大调子的规律是塑造立体感的主要法则，也是表现质感、量感、空间感的重要手段。

素描造型正确地表现出这种关系，就可达到十分真实的效果。明暗交界线是由亮部向暗部转折的部分，是区别物象面的不同朝向和起伏特征的重要标志。这个最暗的部分不能简单地理解为一条重线，它有宽窄、浓淡、虚实等变化，其特点是由光源的强弱和物象的形体特征所决定的。要重视明暗交界线的变化，是因为它在造型中起着十分重要的作用。明暗交界线的

暗部与反光是一个整体。反光部很自然地统一在背光部。过亮或过暗都会影响物象体积和空间的塑造，画得过亮，同亮部的中间色重复，显得孤立，影响整体协调的统一。中间灰部是物体固有色中心区域，也是比较细致、复杂的，它是明暗交界线与亮部间的过渡面，是个不易观察清楚而又要认真研究和刻画的重要部分，同时应和暗部自然地衔接起来。

④深入刻画。这一步是在整体效果基础上，对空间感、虚实层次、黑白关系、质地表现等方面作进一步的细致刻画。

⑤调整结束。作画时，要注重对整体的把握，并贯穿始终。另外，局部要服从整体，要时时把局部放到整体中去观察和表现。

（二）工具和材料

素描的绘画工具没有统一限定。工具的不同关系着素描的性质和构图，工具也能影响作画者的情绪和技巧。

1. 常用的作画工具

（1）绘图用笔。有铅笔、碳笔、木炭条、炭精条、钢笔、毛笔等。一般认为，干笔适宜作清晰的线条，水笔适宜于表现平面：精美的笔触可用毛笔挥洒．而广阔的田野则可用铅笔或粉笔去勾勒。炭笔是两者都可兼用的。

（2）纸张。选择种类较为随意，一般常用的纸张是素描纸，也叫铅画纸。

（3）辅助工具。橡皮、画板、画架、美工刀等。

2. 用铅笔表现明暗的方法

（1）铅笔直立以尖端作画时，画出来的线较明了而坚实；铅笔斜侧起来以尖端的腹部作画时，笔触及线条都比较模糊而柔弱。

（2）笔触的方向要整齐才不致混乱。

3. 铅笔画使用橡皮的注意事项

（1）初学时往往总觉得画一笔不满意时，就马上用橡皮擦去，第二次画得不对时又再擦去，这是最不好的习惯。一则容易损伤画纸，使纸张留下痕迹，再则画时就越画越无把握了，所以应极力避免。

（2）当第一笔画不对时，尽可再画上第二笔，如此就有了标准，容易改正，等浓淡明暗一切都画好之后，再把不用之处的铅笔线用橡皮轻轻擦去，这样整幅画面就清楚多了。

（3）其实画面上许多无用的线痕，通常到最后都会被暗的部分遮盖了，只需把露出的部分擦去，这样也较为省力。同时，不用的线痕往往无形中成为主体的衬托物，所以不擦去不但无害于画面，有时反而得到无形的辅助。

二、石膏几何体绘画表现

石膏几何体简单、规范，代表了自然物体的各种基本形式。在规范的几何体里，容易找到对称图形和基本比例关系，有利于研究和发现物体的透视变化规律。另外，石膏体单纯的白色，也更利于观察、分析和表现明暗产生的原因和色调变化的规律。

因此，常利用石膏几何体的“纯粹”，作为学习素描的描摹对象（见图 2-3）。

三、石膏五官的绘画表现

石膏五官的表现有两个目的：一个是通过对五官的描绘，学习人的眼睛、鼻子、嘴和耳朵的生理结构特征：另一个是通过对五官的刻画，学习复杂形体的造型能力。前一个目的需要借助对人的骨骼、肌肉的知识来完成，后一个目的需要素描表现的技巧和对整体的把握来实现。

石膏五官一般分两个阶段练习，第一阶段是五官的切面体

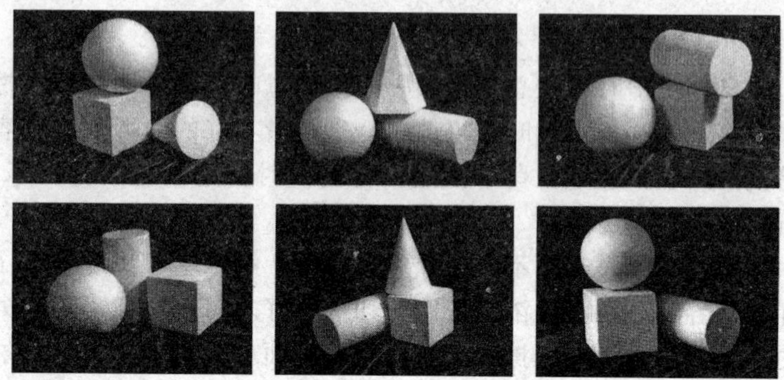

图 2-3　各类石膏几何体

练习，侧重结构特征的分析，理解和表现五官的体积感和块面感（见图 2-4）；第二阶段是五官的圆面体练习，侧重形体特征的分析，理解和表现五官的微妙变化。石膏五官，除了要表现它的结构特征外，还要注意刻画它的形体特征，五官的形体特征决定了对象的表情和神态。

（一）眼

眼是头部中结构最复杂、表现形式最多样的部分。眼部是由眼眶、眼球和眼睑三个部分组成。深陷的眼窝和凸起眼球是它的结构特征。

（二）鼻子

鼻子是头部最突出的部分，是一个梯形结构。鼻子的体面感很强，鼻头、鼻翼的表现是鼻子刻画的重点。

（三）嘴

嘴比较贴近头部的球体表面，因此，它的结构有一定的弧度，表现时应注意不要把它画“平”了。

（四）耳朵

耳朵的结构应附着在面部的两个侧面上. 对比的强度不要超过其他五官的对比程度。耳朵的造型优美，体面变化复杂，

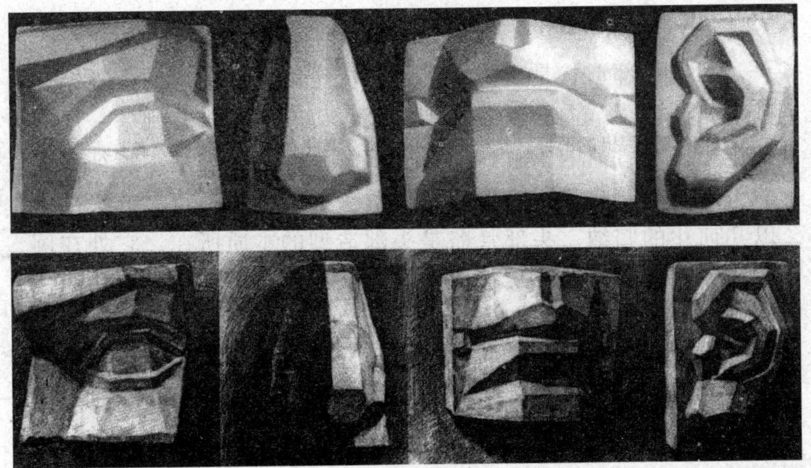

图 2-4　五官的切面体

所以不要忽视对耳朵的表现。

四、头部形态的绘画表现

（一）头部的基本比例

人的体貌特征千差万别，特别是年龄的不同、性别的不同、人种的不同，以及人与人之间微妙的差异，都很难有统一的比例标准。人的五官位置和形态特征各有差异，前人概括的头部的基本比例为长三庭、横五眼。成人眼睛在头部的 1/2 处，儿童和老人略在 1/3 以下。眉外角弓到下眼眶，再到鼻翼上缘，三点之间的距离相等，两耳在眉与鼻尖之间的平行线内。其他相等的比例关系一般来说还有嘴的宽度等于正视时两眼瞳孔的间距，两眼的间距是鼻子的宽度，头的长度等于头侧面的宽度等。这些普通化的头部比例只能作为写生开始时的参考，最重要的是在实践中灵活运用，正确区别不同的形态结构，才能体现所描绘对象的个性特征。

（二）头部的基本结构

人的头部形状是由头骨的形状决定的。因为人的生理结构基本相同，了解人的一般性结构，可以在表现中起到举一反三的作用。对骨骼的了解，能帮助理解头部造型的基本特征。人的头部结构较复杂，为更好地理解头部的体积，将人的头部予以几何化的归纳。头部骨骼是头部造型的本质所在。它处在圆球体和立方体之间，从整体上可以概括成一个圆球或立方体或楔形之间的复合体。用立方体概括头部，便于掌握头部的空间结构。头骨有几个突出的点，叫骨点。这些骨点通过面部肌肉显示出来。从额头的额结节到眉弓、颞线、颧骨结节和下颌结节骨点的连接. 便构成了头部不同面的转折。由此可以看出眉、眼、鼻、嘴是处在一个面上，耳朵是处在两个侧面上。

人的头部主要由颅骨、额骨、颞骨、鼻骨、颧骨、颚骨构成。影响外形的骨骼突出点是颅顶点、额结点、眉弓点、颧突点、鼻骨中点、颧结点、下颌角点、颏隆凸点、颏下点等。

第二节　色彩

人们之所以能看见周围物体的颜色，是因为有光，光与色有着不可分割的密切联系，光是色产生的原因. 所以有光才有色。

1676 年，英国科学家牛顿（1642－1727 年）用三棱镜将太阳白光分解为赤、橙、黄、绿、青、蓝、紫七色光谱，从而证明了白色太阳光产生于多种不同颜色光线的混合。

现代科学证实，光是一种以电磁波形式存在的辐射能。通常，电磁波谱中波长在 380～780 纳米之间的这段波谱，能引起人的视觉及色彩感觉，这段波长的电磁波叫作可见光。

为了便于研究和认识，通常根据色彩不同的原理和特征，将色彩分为色光和色料两大部分来研究。色光属于光学的范

畴，色料也就是人们经常所说的颜料的概念，两者既有共性，又有各自不同的表现特征。

一、色彩的三要素

色彩，可分为无彩色和有彩色两大类。前者如黑、白和各种不同层次的灰色，后者如红、黄、蓝等。人们能见到的色彩多种多样，有各种鲜艳、柔和、明亮、深重不同的颜色，绝大多数色彩具有色相、明度和纯度三个方面的属性，一般称为色彩三要素或色彩三属性。色彩的三种要素在化妆与造型时起着至关重要的作用，只有将三者的关系安排恰当，才能体现完美的视觉效果。

（1）色相。即色彩的相貌，是一种色彩区别于另一种色彩的表象特征和主要依据，如可见光谱中的红、橙、黄、绿、青、蓝、紫等。黑、白、灰属无色系。一般来说，人们所赋予每一个色彩的名称是色彩的外向性格的体现。

（2）明度。即色彩的明暗程度，也称深浅度，是表现色彩层次感的基础。光的明暗度一般称为亮度。物体受光量越大，反射光越多，物体色彩就越浅，反之则深。明度高是指色彩较明亮，而相对的明度低，就是色彩较灰暗。

在无彩色系中，明度最高的色为白色，明度最低的色为黑色。黑白之间存在一系列灰色，靠白的部分为明灰色，靠黑的部分为暗灰色。

在有彩色系中，任何一个色彩都有着自己的明度特征。例如，黄色为明度最高的色，蓝紫色明度最低，红、绿色的明度中等。

任何一个颜色，掺入白色，明度提高；掺入黑色，明度降低。

（3）纯度。即彩度或鲜浊度，也称饱和度。具体来说，是表明一种色彩中是否含有灰的成分。

纯度的变化可以通过加黑加灰产生，还可以补色相混产生。假如色彩不含有灰的成分，便是纯色，彩度最高；如含有较多灰的成分，它的彩度亦会逐步下降。

色相感越明确、纯净，色彩纯度越高，反之则越灰。纯度较低. 色彩也相对柔和，适合于生活妆。

在色彩鲜艳状况下，通常很容易感觉高彩度，但有时不易做出正确的判断，因为容易受到明度的影响，譬如最容易误会的是黑白灰是无彩度的，只有明度。

二、三原色

色彩千变万化，主要都是由三个基本的色彩用不同的比例混合而成，而它们本身不能再分离出其他色彩成分，所以被称为三原色。

色光三原色（见图 2-5）分别为红、绿、蓝，将这三种色光混合，便可以得出白色光。如霓虹灯，它所发出的光本身带有颜色，能直接刺激人的视觉神经而让人感觉到色彩，在电视屏幕和计算机显示器上看到的色彩均是色光色彩。

图 2-5　色光三原色

第三章　发展简史

第一节　欧洲化妆简史

西方美容化妆在漫长的发展历史中，可追溯为以下几个不同的时期。

一、史前时期

据考古学家研究考证，早在史前时期人类就开始使用色彩来装扮自己了。这一时期的妇女，沿袭了打猎捕食的涂色装扮，开始用赤铁矿粉来涂抹面部，也有的用各色颜料涂抹身体，以展示自己的身份、地位以及表达对生活的热爱。

二、公元前时期

据史料记载，罗马男子早在公元前四五百年前就有修面的习惯，白净无须的脸庞被认为是有修养和文明的象征。而那时古罗马的女人就有了敷面的习俗，原料是生活中的一些日常美食，如牛奶、葡萄酒以及面包等。除了对身体皮肤的保养外，在日常生活中她们还用从蔬菜等天然植物中提炼出的各色养颜物料来涂抹面颊、嘴唇以及眼睑，以使自己显得更为健康和富有魅力。那时的女性对眉毛也精心修饰描画。所以说，这一时期可算得上是现代美容化妆的“雏形”了。

说到美容就不能忽略历史上的几位奇女子。公元前的埃及艳后克娄巴特拉七世可以说是西方美容界的鼻祖。她带动了尼罗河两岸的文化与审美的进步，精巧细致的假发，美容化妆用的第一枝碳笔，修饰脸部的含铅量极高的白粉，勾画动人双眸的眼线液、眼线笔以及用各色矿石提炼而成的眼影（它们的色彩极其丰富）和用娇艳的鲜花提纯而成的唇彩无不具备。而且，有许多美颜产品还是她亲自开发的，她最擅长的是金银粉末和香料的运用。当时，埃及不断从东方各地收集天然香料，用来制造香油、香水等化妆品。埃及艳后一人就拥有不下几百种香型的香油、香水，她每天要视心情变换造型数次，同时不断地变换身上的香水香型。她的两位丈夫罗马的首席执政官恺撒和安东尼都先后拜倒在她的裙下，愿为她的政治目的贡献出他们的一切。所以后来有史学家称女王克娄巴特拉七世是用香味征服世界的。由此可见，化妆品有时比战士挥舞着的利剑更厉害。

三、中古时期

中古时期包括古希腊时代（时间为公元 5—16 世纪）和阿拉伯时代（时间为公元 7—12 世纪）。两个时代对于美容潮流的观点和侧重面各有不同，古希腊时代主要侧重于对神的崇拜和对于神话故事中人物的模仿，阿拉伯时代的主要表现是清洁皮肤，并大量使用牛奶、鲜花、香料。

古希腊人认为神是生活在阿尔卑斯山上的，把神都拟人化了，神都变成了古希腊人的模样。比如说智慧女神雅典娜以及太阳神阿波罗，他们都是身形健美，各富个性的美女和美少年的代表形象。受这种思想的影响，古希腊人比较崇尚健康与自然，形体比例以及健壮与否是当时人们关注的焦点，运动美容也就自然而然地成为当时的时尚。

阿拉伯时代涉及的主要范围是中东的阿拉伯一带，有关这个时代的文字记载是《一千零一夜》。这是一本记载了当时阿拉伯人生活各个方面的百科全书，上到皇宫贵族下到街边的乞

丐都有描述，我们可以从中看出当时的阿拉伯是一个弥漫着香气的地方。人们崇尚清洁，把自身的皮肤清洁放到了美容的首位。当时的大马士革到处都有豪华美丽的公共浴室，人们定期到那去享受沐浴的快乐。他们并不是单纯地洗澡，而是在沐浴时大量使用牛奶、鲜花、香料，沐浴后还会在身上、脸上甚至头发上涂抹香水，在家里熏蒸各式的香料。为什么那时的人们如此迷恋香料呢？现代科学家研究发现，天然的植物香精油能够通过皮肤毛孔进入人体，并且伴随血液循环到达人体各个部位，发挥其独特的疗效。看来，古人们早就发现了这一“秘诀”。

从中我们可以看出，古代人们美容方面主要体现在健美和薰香两个方面，追求的是自然和身心健康。

四、文艺复兴时期

欧洲的文艺复兴时期为 14－16 世纪，始于手工业革命，发展至文学、艺术甚至科学领域，可谓一场轰轰烈烈的大变革。其中涌现出了大批的艺术家、文学家等。例如众所周知的达·芬奇、米开朗琪罗、拉斐尔，并称为艺术三巨匠。他们在这期间创作了大量传世杰作，整个艺术界为之动容。他们开创的艺术流派至今仍是人们追求的目标。此时的美容出现了新的思路。我们从当时的油画作品可以看出，妇女们把发际线尽量提高，更有甚者把眉毛剃掉，以显示她们宽阔洁净的额头（它代表着纯洁、健康、智慧）。但她们似乎并不像埃及人那样热爱色彩，她们的化妆几乎是没有什么色彩的，干净的眼部、面颊和唇只有淡淡的红晕。与朴实的妆容相对的是她们对于服装与发型的重视。当时的人们喜欢梳理较为复杂的、造型独特的发式，穿着线条流畅且极具贵族色彩的长裙及长罩衫，佩戴精致的头带及其他饰品。总而言之是力求简洁而又不失精致，这在整个美容史上相当有代表性。许多文学作品曾经对这个时期

的女性有过细腻的描写。最有代表性的可能就要算是莎士比亚的《罗密欧与朱丽叶》了，其中女主角朱丽叶的穿着打扮是文艺复兴时期女性的代表。

五、奢侈时期

奢侈时期（18 世纪）的发源地是法国。法国是那个时代美容美发的流行圣地，其中最大的功臣可能就要算是玛丽·安托瓦内特，她是法国路易十六的王后，奢侈时期也是因为她而得名。奢侈时期，顾名思义是指这个时代比较盛行华丽高贵的妆容。当时玛丽王后对于美容非常有兴趣，而且相当有研究。护肤方面，她常用牛奶沐浴、洗脸，用新鲜的水果、花瓣作为沐浴的添加剂，以起到滋润和活化肌肤的作用。后来这些做法流传到了民间，普通的老百姓也开始根据自己的能力因地制宜地使用玛丽王后的配方来护理自己的皮肤。

在整体造型方面，玛丽王后也有自己的爱好。发型方面，她喜欢佩戴假发。假发的式样大多是梳理成型，并根据需要染成各种颜色，一般要 20～30 cm；在假发的顶部和两侧梳理着各式的盘卷花式（据有关资料记载，当时盘发的花式有上百种），连名称也是各具特色的，如爱心卷、猪肠卷、玫瑰卷等。在化妆方面，奢侈时期也有自己的特别之处。其中之一就是女士必用香粉。过去的香粉通常是用矿产类的原料制作，其含铅量较高，使用后许多人脸上出现了大量色斑，有的人甚至有脱发的现象，所以那时的女性大多对这种香粉敬而远之。为此，玛丽王后特别命人配制了以淀粉为原料的新型香粉。其一面市就受到了民众的热烈欢迎，一时之间法国人又开始崇尚洁白迷人的肌肤。其二就是眉毛的变化。玛丽王后时期女士对眉毛大多精心修饰，高挑眉极其盛行。女性的眼睑上多涂抹高亮度的膏体，但眼影基本上没有什么色彩；腮红和唇色就丰富得多了，从冷色调的粉蓝色系到暖色调的橘红色系，无不具备，在

18世纪金碧辉煌的宫殿中，贵妇们的妆容与色彩丰富的衣裙交相辉映。

贵妇们为了掩饰脸部的一些缺陷，还用漂亮的花缎剪成心形或花瓣形等形状贴在不美观的痣、或是脸形不佳之处。这一饰品与我国古代盛行一时的“对镜贴花黄”颇有相似之处。

六、朴素时期（19世纪）

奢侈时期的法国在整个欧洲引领时尚，但在引导了一代美容的新潮流之后便退居“二线”。一个为人们所推崇的朴素时期随之而来，这就是维多利亚女王时期。这个时期的主要代表人物就是英国的维多利亚女王。

朴素时期之所以紧随奢侈时期而来，也许是人们厌倦了对于容貌的过多修饰，从而大逆其道，开始对自然朴素的真实容貌推崇备至。人们对于发型以及化妆的审美观大为改变，抛弃了那些马尾做的假发，认为自然的发色更能表现自我。由于自然发质的流行，盘发及发饰也变得较为简单大方，过多的饰品被抛弃，取而代之的是一些有画龙点睛之用的发辫。这一时期，脸部的妆容也有较多的改革，眉形较为朴素自然，弧度较小，甚至出现了流行平眉的趋向；眼部、唇部的色彩通常以自然为主，人们甚至宁愿用手揉捏颊部及唇部，也不愿意使用人工合成的胭脂、唇膏等化妆品。

朴素时期，上至皇宫贵族，下至平民百姓对于自己的身体健康都相当关注。人们都注意自我保养，常用牛奶、鸡蛋、燕麦等营养品做敷面膏，以使皮肤保持良好的营养状态。也可以说这一时期是一个自然健康的时期。

当时的文坛出现了百家争鸣的现象，众多的女性作家出版了一系列细腻描写女性的作品，使我们今天有机会能够在许多细节方面了解那时的女性。比如说《简·爱》《傲慢与偏见》等，这些小说中的女主人公大多穿着朴素，很少化妆，但其丰富的内心世界及气质给读者留下了深刻的印象。

七、香樟科学时期

除了上述六个具有代表性的时期之外，20世纪的美容美发更是多姿多彩。

我们称20世纪为香樟科学时期，因为20世纪的一切都是围绕着科学发展的。新的科学带来了新的技术、工艺以及新的人员结构、新的思想及生活方式。20世纪各个年代的美容美发主流风格除受到文化的影响之外，很大程度上受到了经济发展甚至是战争的巨大影响。

20世纪初，女性们大多还沉醉于上个世纪末的皇族气派。以欧洲女性为例，她们的发型基本上仍以传统、保守为主，化妆较为自然，唇色突出，一味强调腰部曲线，仅仅是为了看起来符合女性的线条。

到了20世纪20、30年代，口红、胭脂、眼部化妆品以及皮肤、头发保养护理品等产业革命的产物充斥市场，其价格便宜，妇女们易于接受，从而推动了化妆品市场的发展。美国推出了最新的妇女形象，如葛丽泰·嘉宝，她那烫成弯曲波浪的金发，扑满蜜粉显得细腻光滑的皮肤，新月般弯弯上挑的眉毛，轻启微合的樱唇放射着无限魅力……这一切都成了人们模仿的榜样。

20世纪40年代，世界上突变的风云对于人们的生活产生了极大的影响第二次世界大战席卷了整个世界，男人们大多应征入伍，于是军人刚毅的形象成为世界主流，刮脸、平头或极短的三七分头，整齐而极富男性魅力。由于战争要求，后方女性也要从事体力劳动，比如军需厂的制造工业，女性的时髦裙装已不能适应工作的需要，女性必须像男性一样着裤装。裤装逐渐被社会所认可，一时间街上大多数女性都穿上了裤装。此时，也有专业美容化妆师为了配合较为男性化的时装趋势，将

女性的头发剪成短发、烫成波浪或是剪成中长发，因为长发不适应生活与战争的需要。女性的化妆不再强调阴柔的女性曲线美，自然柔和、稍稍弯曲的眉毛成为主流，唇部的轮廓及面颊、眼部的色彩都趋于柔和自然。人们发明了睫毛膏，并使之成为易于携带的化妆品，于是染睫毛成为当时的时尚。虽然战争期间供需品很紧张，但人们对于美的追求却日益高涨，这使化妆品产业的发展得以不断进步。

20 世纪 50、60 年代，成熟优雅的女性又成为崇拜对象。影坛又有一名最新的偶像热辣出炉了，她就是玛丽莲·梦露。她以淡金色的一头卷发，如梦如幻的一双碧眼，性感丰厚的双唇成为那个时代人们的偶像，男人们迷恋她，女人们模仿她。梦露身上集中了女人的温柔、性感以及爱，而那正是经济飞速发展时期人们在精神上的需求的表现。

这一时尚的兴起使得美容美发行业的生意一下子红火起来。女人们纷纷进入美发店，而她们的目的只有一个希望把头发做成和玛丽莲·梦露的一样。这一时期的彩色漂染技术也因为这个原因而大有进步。工作的繁忙要求人们的发型不但要色彩鲜艳而且必须易于梳理，毕竟人们不会每天都有时间去店里做头发。这就向漂染用品业提出了新的要求，加速了产品的更新换代。

20 世纪 70 年代是一个充满反叛和个性鲜明的时代。第二次世界大战后出生的一代已是二十几岁的青年了，他们成长于第二次世界大战后的经济大发展时期，从小到大生活无忧，但这也使他们认为找不到自我。他们的父母大都经历过战争生活的苦难因而思想较为成熟，而追求享受的年青一代觉得与父母无话可谈。所以他们把目光放到了家以外的地方，放到一些可以自我表现的公开场所。他们穿着随心所欲，破烂装、乞丐装、上面钉满了铁链子的紧身皮衣等“时装”大量出现。“朋克”就是那个时代的特产，一些人把头发剃成别致的图案再用定型胶使头发竖起来。男孩子还在耳朵上打洞戴上耳环，更有甚者在鼻子、嘴唇上打洞戴环。那些花季少女的脸庞、眼睑、嘴唇上充斥了大量令人压抑的色彩。

20 世纪 80 年代是一个科技高速发展的时代。科学技术的不断进步对美容业的大发展也大有益处。各式各样的家用电器进入人们的生活，成为生活必需品。在被钢筋水泥包裹的环境中，人们反而开始怀念自然淳朴的生活。这种心理也反映到了美容上来，一时间美容界纷纷推出新型的美容品及美容方法，其中心就是以自然为上。面膜中使用火山泥就是最好的例子。在化妆方面，由明星形象设计师们设计的自然妆可以说是最贴近潮流的了。妆容看上去恰似天然的眉毛，事实上是进行过精心修饰的，只是人们的化妆水准更上了一个层次。肤色的调整成了化妆中关系成功与否的关键因素，80 年代，西方人追求的是自然透亮、有着小麦般色泽的皮肤，为了让自己也拥有这样的肤色，许多女性不分季节地坚持晒日光浴。

20 世纪 90 年代的流行信息可能是最有意思的。90 年代有两个特点，首先是复古时尚。90 年代的复古不同于以往的复古潮流，主导时尚的一代人大多受过高等教育，他们有自己独特的思维方式，能博采众长，是成熟的消费者。他们的品位不像过去的人一样不断变化，一般会保持相当长的时间，并且融合进了 50 至 80 年代甚至上几个世纪优秀作品的影响。美容方面，复古风尚要求较为精致的妆容配合整体的效果。弧度较大的弯弯细眉，层次分明的眼影，如波的深邃眼神，胭脂掩映下的高颧骨，不外溢的、丰满的深色双唇等都是这种复古的表现。

其次是 20 世纪 90 年代新新人类的潮流。为什么要称这个潮流为“新新人类”？因为它的主导者是当时还在学校就读的少年。他们大多家庭经济条件优越，在一些方面，他们的情况与 70 年代的青年有些相似，受电视的影响较为严重。90 年代

末，以日本为首的亚洲兴起了一种稀奇古怪的形象：头发全都反地心引力倒竖起来，衣服在原来正常的形象上稍加修改，脸部化妆讲究亮光，亮亮的眼，亮亮的脸，亮亮的唇，给人新奇的感觉。这些新兴的偶像多源于电视节目的影响。

第二节 中国化妆简史

中国是具有 5 000 余年悠久历史的文明古国。中国的祖先结束了“茹毛饮血”的生活以后即开始束发。进入奴隶社会，上层社会的贵族就把头发梳成发髻。男人的发髻梳在头顶，然后用铜或木质的簪子簪住。上流社会的贵族奴隶主，白天在发髻上戴上各种冠，然后用簪子穿过冠上的孔和发髻。贵族官员则将头发梳成各种发髻，有高有低，有偏有正，还要戴上用象牙、铜片、珊瑚、贝壳和兽骨、兽牙制成的饰品。在原始社会，人们就喜欢往自己脸上涂动物血、花草浆汁。到了奴隶社会，贵族妇人已经开始使用自己的胭脂（古代称燕支）和白粉。《中华古今注》说：“燕支起自纣。”《云麓漫钞》记载了燕支的制作和使用方法：“燕支以红蓝凝汁为之，宫人涂之，号桃花粉。”贵族还用米粉、白土和铅煅烧后形成的白粉敷面，称之为胡粉、宫粉。

春秋战国时期又有粉黛、眉墨兰膏等化妆品，妇女用胭脂、白粉敷面，用青黑色的“墨兰膏”画眉。秦代宫中的宫女贵妇都是“红妆翠眉”的。

两汉南北朝时期，美发美容在质与量两方面都有了发展。大文学家司马相如的妻子卓文君是西蜀巨富的爱女，她的眉毛像“远山”，淡雅妩媚，被称为“远山眉当时的人们争相仿效，把自己的眉毛也画成“远山眉”。长安京兆尹张敞，常为其夫人画眉，传为佳话。南朝封建士大夫奢侈傲慢，敷粉、擦胭脂，几近变态。北朝《木兰辞》中有“当窗理云鬓，对镜贴花

黄”诗句，“云鬟”是指美丽的鬓发，“花黄”是指黄花瓣（也有一种说法认为花黄是用黄花做成的花粉）。

唐朝是我国封建社会的鼎盛时期，经济繁荣，国力强盛，东西方交流频繁，在美发美容、服饰等方面比前代都有了重大发展。唐朝妇女以健康丰满为美，盛行高髻而且式样众多，这从流传至今的唐代壁画中可以清楚地看到。唐朝妇女除追求整体化妆和形象的美感外，特别讲究护肤。她们用珍珠粉和中草药护肤养颜，以延缓衰老，还以金片贴于面部作为装饰，华丽富贵，别具一格。在面部化妆上趋向多样化，比如画眉，唐朝皇帝令画工所画《十眉图》中，有“润眉”“圆眉”“细眉”等，而蛾翅眉则是唐朝盛行的眉形。当时画眉的原料是江南专门生产的“面黛”，上流社会则使用高价的波斯产的“骡子黛”。杨贵妃常用丁香、鲸香和柴胡等中药制成的唇膏和香水，用“均面”和“润发”两种药膏使皮肤光泽嫩白，头发乌黑芳香。唐朝已有了唇膏，称为“口脂”（《莺莺传》中有记载），与现代管状化唇膏颇为相似。唐朝的妆容丰富多彩，有“飞霞妆”“黄妆”等。女皇帝武则天十分重视皮肤护理，流传至今的“天后炼益母草泽面方”“武则天留颜法”等据说就是她当年创用的。唐朝著名歌伎庞三娘常用薄纱贴面，将云母等中草药细粉和蜜拌匀涂于面上，称为“嫩面”，这已接近现代的中草药面膜了，到了宋元明清时代，出现了专门润肤的珍珠膏，明朝李时珍《本草纲目》中就有一些护肤的专用药方，方便了民间使用，这一时期我国的美容化妆品有了较大发展。清朝建立后，汉人男子梳髻的基本发型变成剃光前额、后面梳辫子的样式，妇女的发型既有汉族传统样式，又有满、蒙等少数民族的样式。从《红楼梦》等文学作品中可以看到清朝的化妆与化妆品的制作已达到了较高的水平。而且护发用品也丰富多彩，有水剂的（如梧桐刨花浸剂、何首乌浸剂等），也有油剂的（如配以各种花精的香油）。当时的扬州、苏州等地是香粉、胭

脂、头油生产比较集中的地方。

民国以来，男子剪辫留短发，女子也盛行短发。西方化妆品大量流入中国，我国自己的民族工业也生产一些大众化化妆品，如香粉、胭脂、蛤蜊油、雪花膏等。20 世纪 30 年代的上海、天津、广州等大城市，开始有了烫发、化妆、修指甲、按摩等高档美容美发服务。

改革开放以来，经济迅猛发展，人民物质文化生活水平大大提高，人们对美化生活有了更高的要求，加上与国外交流的扩大，20 世纪 80 年代后期以来，我国化妆品工业蓬勃发展，国外、境外琳琅满目的各种化妆品纷至沓来，专业美容美发厅不断涌现，专用仪器大量引进，各种服务项目相继推出，我国美容美发行业进入了一个全新的发展时期。美容美发也成了人们物质文化生活的一个重要组成部分。

第四章 化妆美学原理

第一节 化妆美学基础

化妆离不开色彩，而色彩与色彩之间的相互搭配、组合，在不同光线条件下产生的变化是进行化妆造型的关键。在进行化妆造型的过程中，有必要了解色彩的基本知识和搭配规律，研究各种颜色在不同光线下的变化。在日常的生活中，还要注意观察色彩，分析色彩的组合关系，这对于化妆也有着极其重要的作用。

大自然中不同的色彩变化，能使人们产生不同的观感。颜色对于眼睛的刺激作用能在人的心理上留下印象，并产生象征意义和情感影响。色彩的情感象征，会使人产生不同的好恶。基于这一点，在化妆实践中，美容师可以利用色彩的情感作用，表现不同妆型的特点，增强化妆造型的表现力，使外部的描画与内在的气质相统一。

色彩情感的产生，并不是色彩本身的功能，而是人们赋予色彩的某种文化特征，使颜色具有某种含义和象征，这些因素影响着人们对于色彩的感受。

白色给人以纯洁高雅的感觉。

绿色象征生命、青春与和平。

黄色与红色给人以华贵、热情、温暖的感觉。

蓝色给人以宁静、清爽的感觉。

黑色则表现庄严与肃穆。

这些具有丰富情感作用的颜色，对不同的民族、不同的传统文化与文化修养的人们也会有不同的反映。例如，黑白两色在中国的许多地方是人们悼念逝者时所穿着服装的颜色，但是在有些国家却被视为高雅、庄重的礼服用色，尤其是白色的婚纱，表现新娘的纯洁与妩媚，这已逐渐为国内大多数人所接受。在中国的封建社会，金黄色是富贵与权力的象征。在非洲某些原始部落，红色则代表着天与地。

化妆时，要充分考虑妆型所表现的场合、环境、人物的气质特点、服装等因素，选择能表现化妆设计思想的色彩、具有映衬情感作用的色彩，使妆型更具表现力。

化妆造型是美容师利用各种颜色的化妆品，并通过熟练的化妆技巧来表现的一种艺术形式。通常在一个妆型中会出现几种不同的颜色，因此，合理地运用色彩是决定妆容效果是否完美的重要因素。另外，在运用色彩时，所要表现的情感因素要与妆容效果达成一致，否则，错误的色彩搭配一定会造成凌乱无序的妆容形象。化妆中的色彩搭配丰富，一般可以分为以下几类。

一、色彩明度对比的搭配

明度对比是指使用的色彩在明暗程度上产生的对比效果，也称深浅对比。化妆造型离不开色彩的使用，而明度对比是众多色彩搭配方法中强调立体效果的一种，即利用深浅不同的颜色使较平淡的五官显得醒目，具有立体感。明度对比有强弱之分，强对比颜色间的反差大，效果醒目、强烈，如黑色与白色，对比强烈，产生明显的凹凸效果。这种搭配方法在化妆中经常使用，像立体晕染法就是通过强明度对比来实现的。弱明度对比则淡雅含蓄，比较自然柔和。

二、色彩纯度对比的搭配

纯度对比是指由于色彩纯度的区别而形成的色彩对比效果。纯度越高，色彩越鲜艳，纯度对比越强，色彩所呈现的效果越鲜明艳丽。纯度低，色彩则浅淡，纯度对比弱，色彩所呈现的效果则含蓄、柔和。化妆造型使用纯度对比的色彩搭配时，要分清色彩的主次关系，在突出妆塑特点的基础上，调整颜色纯度的强与弱，避免产生凌乱的妆容效果。

三、同类色对比、邻近色对比的搭配

同类色对比是指在同一色相中，色彩的不同纯度与明度的对比，如在化妆中使用深棕色与浅棕色的晕染便属于同类色对比。邻近色对比则是指色环谱上距离接近的色彩对比，如绿与黄、黄与橙的对比等。这两种色彩的搭配特点是比较柔和、淡雅，不会产生对比强烈的视觉效果，但是容易产生平淡、模糊的妆容效果。所以，在使用同类色对比与邻近色对比搭配进行化妆造型时，要适当地调整色彩的明度，使妆容效果和谐。

四、互补色对比、对比色对比的搭配

互补色对比是指在色环谱上呈 180°相对的两个颜色，如红与绿、黄与紫、蓝与橙的对比。对比色对比是指三原色间的相互对比。这两种对比都属于强对比，对比效果强烈，引人注目，适用于浓妆或气氛热烈的场合。在搭配时，需注意颜色的使用量要有所区别。互补色的使用量相同，妆容会显得模糊；互补色使用置分出主次，妆容便会显得醒目。例如，同量的红色与绿色在一起搭配，会产生俗气的视觉效果，但是如果其中一个颜色的使用量稍少，或是降低纯度，如红色与墨绿搭配，则效果醒目。

五、冷色、暖色对比的搭配

色彩的冷暖感觉是由某种颜色给予人的心理感受所产生的。暖色艳丽、醒目，具有扩张的效果，容易使人兴奋，使人感觉温暖。冷色神秘、冷静，具有收缩的效果，给人以安静平和、清爽的感觉。冷色在暖色的映衬下，会显得更加冷艳。例如，冷色系的妆面中稍微有些暖色点缀，则更能衬托妆容的冷艳；同样，暖色在冷色的衬映下会显得更加温暖。在化妆用色时，应充分考虑到这一点。

第二节　化妆美学方法

自古以来，人们为美制定了种种标准：自然界充满蓬勃生机的美，音乐旋律跌宕起伏的美，文学作品感人至深的美，建筑、雕塑凝聚智慧的美……同样，对于人类自身，也被赋予了精确的人体比例标准。公元前 5 世纪的古希腊雕塑家波里克雷特认为，理想的外形标准应该是“头部的 7 倍半是身长”；而达·芬奇制定出了相当精确的人体比例图，他规定了包括头部在内的形体尺度，认为“人体是大自然中最完美的东西，而人体的比例必须符合数学的某种法则才是美的”。例如，人体各部分之间要成简单的整数比例，或者要与圆形、正方形等完美的几何图形相吻合。

在各种文化形态中，都认同男性要具有“阳刚之美”，女性要具有“阴柔之美”，也因此认为美丽的女性应该是温柔、优雅、甜美、娇嫩的，这些特点是女性特有的、区别于男性的特质，这种特质由内而外地反映在女性的外观上。达·芬奇认为，“女士须具备三白（皮肤白、牙齿白、手白）、三红（唇红、颊红、指甲红）、三黑（眼睛黑、眉毛黑、睫毛黑），且符合理想体型的标准”。

对于女性的面部来说，除了要求比例匀称外，还要求女性的面部线条没有生硬的骨感；相对男性的面部来说，要有较厚的皮下脂肪，具有柔和的线条。在各种脸形中，椭圆形脸正好具备了这个特征，在视觉上有纤巧之感。在古代，与代表男子阳刚之气的方形脸相反，东西方都以椭圆形为女性的标准脸形。

女性的柔美还体现在皮肤的色泽上。人的生理特点决定了女性的皮肤厚度要比男性薄，成熟后的女性皮肤普遍较男性要更白皙、细腻、红润、富有弹性，刻意地营造这个特点可以突出女性的性别特征。此外，明亮、线条优美的眼睛也能体现女性魅力。中国古代崇尚的“丹凤眼”，在京剧花旦造型中被用夸张的手法表现出来，使女性的眼神流连婉转，增添了女性的妩媚。弯曲纤细的眉毛有助于眼神的表达，而丰满圆润的嘴唇也是女性区别于男性的魅力所在。

一、比例

有关人体审美比例的论断，最著名的是古希腊数学家毕达哥拉斯提出的“黄金比例”。黄金比例即 1∶1.618，而 1.618 被称作“黄金比值”，古希腊雕像维纳斯的身体比例正好符合黄金比例。这个比值被广泛运用到各种造型设计中。

在人的面部比例中，“三庭五眼”是基本的比例要求。三庭是指前额发际线到眉头、眉头到鼻底、鼻底到下颌底三部分，这三部分的长度相等；五眼即耳孔到外眼角、两只眼睛的宽度和两只眼睛的距离，这五段的宽度相等，并且每一段的宽度都与一只眼睛的宽度相等。在实际生活中，很多人并不完全符合面部的比例标准，但是化妆、发型可以掩盖缺陷使人接近标准。比例并不是衡量人的面部美或不美的绝对标准，现实生活中也可以发现很多美丽的面部并不合乎规定的标准。但是，合乎比例的面部在视觉上有令人舒适的美感。通过化妆调整面

部的比例使之达到和谐，是继续造型的基础。

二、均衡

均衡包括视觉上的平衡和心理上的平衡。在艺术设计中，均衡有两种表现形式，一种是完全对称式，另一种是不完全对称式。绝大部分人的身体（包括面部）是不完全对称的，达到完全对称的人少之又少。需要指出的是，只要不是强烈的扭曲，细节上的不对称并不会破坏整体上的美感，刻意营造的不对称有时还会带来生动感。对于不对称的面部，可以通过调整左右脸五官的大小、高低、粗细，并利用颜色和阴影来达到视觉上的均衡。

均衡还体现在妆容的整体效果中，包括形和色的相辅相成，在妆容设计中，需要加重或减弱某一部分的形色处理，从而达到整个妆容的均衡。

三、强调

强调是重要的表现手段之一。在化妆造型中，会遇到形形色色的面部缺点，用“画”的手段把这些缺点完全掩盖掉是很难的，过分的掩盖只会弄巧成拙。在面部化妆中，可以利用强调这一手段烘托主题，转移别人对面部缺点的注意。也就是说，化妆后的造型应该有主次之分，主要的部分也就是要强调的部分，应该是面部的优点或者是化妆师想要突出表现的地方；次要的部分应该是化妆师不想主要表达的地方或者是面部的缺点。即使对于没有缺点需要掩盖的面部，强调仍然是造型成功与否的关键。在表现美的过程中，好的化妆师应该懂得取舍，如果对脸上的每一部分都尽了全力去表现，最后的结果就是妆容平平，毫无精彩之处，显现不出特点。

（1）强调线条。要使五官线条柔和优美，就应该强调面部轮廓的线条，色彩上保持干净、轻快。

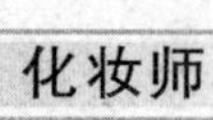

（2）强调色彩。五官太平淡或者五官太突出的人，适合强调色彩转移别人的注意力。五官比较大的人，要强调色彩的淡雅轻快；五官比较小的人，要强调色彩的明亮鲜艳。这样可以在视觉上达到平衡。

四、节奏

说到节奏，往往会使人联想起音乐，音乐中的节奏变化也引领着情绪的波动。在化妆造型中，节奏主要体现在色彩的变化上。在妆容造型中，一种或多种色彩在不同部位的重复运用以及每种色彩的面积变化，可以在视觉中形成跳跃感，这就是化妆造型的节奏。同色系的色彩明度、纯度、色相的变化，不同色系的色彩冷暖对比、调和，给人一种视觉上的节奏感。同色系、邻近色系的色彩搭配对比较弱，节奏感也和缓，不同色系的色彩在色相、明度、纯度上拉开的距离越大，节奏感就越强、越鲜明，视觉效果也越强烈。

五、质感

质感分为很多种，如冰冷、坚硬、柔软、粗糙、光滑、厚重。人的面部，光滑细腻的皮肤、柔软有弹性的唇部、粗硬的毛发、明亮的眼睛，也构成了特殊的质感。原本拥有好的质感，用化妆品遮盖掉就起了画蛇添足的作用；而缺乏好的质感，就必须借助化妆品来塑造出质感。

色彩也同样有质感。淡粉、浅橘等粉嫩的色彩会给人柔和、柔软的感觉，浅黄、淡绿、灰蓝等清淡的色彩会给人柔软光滑的感觉，金棕、古铜的色彩会给人刚毅、坚强的感觉，夜蓝、青紫会给人宁静、冷漠的感觉。将色彩的这种质感运用到妆容造型中，会对整个妆容的效果起到很好的烘托作用。

六、整体

整体不仅是指将造型完成，更在于完成后的造型在视觉上的整体统一性。在完成后的造型里，每一个部分，像眉毛、眼睛、鼻子、唇部、皮肤、色调，都像一出戏里的演员，它们有各自不同的分工，所有的演员都是为这整出戏服务的，它们要注意的是如何演好自己的戏，掌握自己应有的戏份，同时又要与别的演员协调好，烘托整个戏的气氛。在面部化妆中，五官、皮肤、色调都是在为整个妆容和风格服务，而不能喧宾夺主。

完美的容貌是许多女性都渴望拥有的，但令人遗憾的是，每个人的容貌都或多或少地存在着这样或那样的不足。如何弥补自身的不足，使容貌更接近于完美，是女性非常关心的问题。矫正化妆是解决这一问题的重要方法之一。

矫正化妆是通过化妆技术修正不理想容貌的化妆手法，是化妆中的一项重要的内容。它利用人们的“错视”来达到美化容貌、修正不足的目的。所谓“错视”，是指人们根据过去的认识和经验主观地对物体形态进行判断。这种判断有时会和客观事实不相符，如身材较丰满的人喜欢穿竖线条的衣服，目的是使身材显得苗条，因为竖线条会使物体显得修长，而横线条会使物体显得短粗。这种利用线条变化改变物体形态的错视现象也常被运用在矫正化妆中。

通过“线条”和色彩明暗的变化改变物体原有形态的错视现象，成为矫正化妆的理论依据。也正是这种视觉现象使化妆的功能更为显著，使“化妆”一词更具魅力。

第三节　影响化妆的因素

化妆是人类文化的一种表现，它不是自生自灭的，它的流行、变化都和社会、和我们身边发生着的一切息息相关。

一、社会因素

人们在社会生活中出于对地位、名誉的考虑，或为了得到别人的认可，会按照社会承认的标准来刻意打扮装饰自己，而社会的稳定、繁荣、风气、规范也影响着化妆的发展。中国古代就有“楚王好细腰，宫中多饿死”之说。盛唐时期经济的发展和各民族之间的交流，使这一时期的妆容、发型、服饰达到了前所未有的鼎盛，如妆容有十几种，眉毛的画法以“十眉图”为代表，变化之多是其他朝代所没有的。

又如西方历史上，人们曾经用苍白的肤色、精致的妆容、雍容华贵的服装和优雅的举止来表明较高的社会地位，而在两次世界大战期间，由于物资匮乏，一切以实用为主，人们在容貌上更注重清洁而不是修饰，女性服饰也一改过去的柔润线条，以简洁利落的直线条为主。

二、文化因素

化妆原本就是人类文化的一种表现形式，它时刻受到社会主导文化潮流的影响。例如，法国路易十四时期崇尚巴洛克（Baroque）风格，这一时期从建筑、艺术到人们的装扮都极尽华丽奢侈，在装扮上男士不仅蓄留长发，在正式场合还要戴白色假发，处处显示其权势地位。

在洛可可（Racoco）时期，人们更加偏爱被彻底美化了的样子，从肖像画《蓬巴杜侯爵夫人》中可以看出，侯爵夫人脸上化着浓重精致的妆，头发和身体则被珠宝、青丝、绸缎、刺

绣和蝴蝶结所包裹。

如今，世界上不少民族也还保留着自己的装扮文化。像新西兰土著人在脸部刺出左右对称的花纹，北美的奥杰布华人在前额或两颊刺出象征图腾的文饰，因纽特人在两颊、下颌以点、线作为文饰。

在现代日本，不少少女喜欢用染成彩色的头发、明亮的妆容和卡通化的服饰营造出活泼可爱的形象。

三、实用因素

化妆在发展的过程中也有其各式各样的实用目的。很多土著部落的人通过在脸上画出五彩斑斓的图案或带上恐怖的面具来吓退敌人，古埃及人画眼是为了防治眼病，而现代社会中有很多人使用化妆品是为了使皮肤不受阳光中紫外线或外界灰尘的伤害。

四、审美因素

化妆的最终目的是为了审美，不同时期、不同民族、不同文化的审美观都不尽相同，这些审美上的差异引领着化妆潮流的变迁。中国历代（除唐代以外）对于女性美的要求是“含蓄”“内敛”“温婉”“柔弱”，在人体形态上表现为“修短合度”，良家妇女不能浓妆艳抹，要以淡雅自然为主；而欧洲在十七八世纪，推崇的是女性要具有区别于男性的特质，要用夸张的化妆、发型和考究的服饰来加强其性别特征。现代社会的女性追求的是个性美，我们更多看到的是根据每个人先天条件创造的具有个性的装扮。

五、流行因素

流行有时髦、时尚的含义，一种流行可以反映一个时代。诸如化妆、发型、服饰或歌曲、行为、风格、生活方式甚至词

语，都可以成为流行。有些事物在开始出现的时候并未流行，甚至为主流所鄙夷；有些流行存在一段时间就消逝了，或许若干年后又重新流行；有些流行却被保留下来，被人们认可，甚至成为经典，满足了人们求新、求异、从众的心理。

化妆与流行有着紧密的关系。很多历史上流行过的妆容、发型开始都是由少数人（或有影响的人）发起的，随后才引起大众的效仿，像在汉朝妇女中流行的“愁眉啼妆”，在唐代妇女中流行的“八字眉”“花钿”“点唇”等。我国在魏晋南北朝之前，女性的妆容以红、白为主，到了魏晋南北朝时期，由于佛教的盛行，有些妇女模仿金色的佛像，也在前额涂上黄色，这就是“额黄”，它曾经是流行几个朝代的妆饰。

现代化妆并非全部是创新的，它延续了很多历史、民族流传下来的元素，在一些化妆水平发达的时期流行过的妆容是现代人闻所未闻的，也是无法想象的。了解这些别具特色的妆容，可以让我们在实际运用中得到更多的启发，拓展创造的空间。

第五章　发型

第一节　发式造型

发式造型是人外部形象的组成部分之一，有鲜明的实用性，又是人们智慧的结晶。发式造型的变化有一定的规律，却没有固定的模式。纵观中外发型发展历史，从形式上和造型上变化多样、日新月异。特别是现代发型在生活中不仅是人外部仪容的装饰，还常展示着人内在的精神世界。得体的发型在生活中不但能衬托美的容貌，还能弥补容貌的某些缺点，从而塑造整体美感。当然，发式造型过程复杂、技术性很强，不是在短时间内就能熟练掌握的。作为化妆师，要学会利用发型的造型特点，通过掌握简单的相关理论和技术，配合化妆造型一起实现人的容貌美。

一、发式造型工具的选择和使用

对化妆师来讲，在进行发式造型时，和化妆时工具选备一样，要选用正确的工具，不仅使发式造型成为一种乐趣，而且使之方便快捷。应该挑选一些必备的专业系列产品，做出一流发型。现在不断推出的高科技的电动发型工具大大提高了头发吹干、卷曲或拉直的效率。作为化妆师也要熟悉其特性和使用方法。

（一）刷子

刷子（见图 5-1）是梳理卷发的必备工具，不但能理顺头

发，而且能修整发型，塑造波纹。市场上的刷子品种很多。

图 5-1　刷子

（1）滚刷或圆刷。用于蓬松头发和做发卷。吹风时，也可用来拉直头发，或保持自然卷发和波浪发。夹紧头发和控制头发，选用活动短毛滚刷做小发卷和中发卷，选用尼龙圆发刷；做卷曲发，选用混合短毛瓶状刷：做卷曲发时，选用短毛、中长毛、长毛和超长毛木刷。

（2）半圆刷。半圆刷与蓬松刷的设计原理相同。这一式样的发刷上的天然橡胶垫具有抗静电的特点，垫上有尼龙圆头齿，其齿距较宽，不会扯断或损伤头发。因此，吹风时气流可达头发根部。它有助于蓬松头发和增强动感，使头发看上去更加柔软丰满。

（3）吹风刷。吹风刷是打开干发、湿发上的缠结乱发的理想工具，适用于各种长度的头发和各式发型。宽齿距设计以及通风设计可使热气流直达发根部，加速头发的吹干过程。快速吹干头发，选用风洞式发刷；快而柔地吹干头发，选用折曲通风式发刷。

（4）气垫式和平底式短毛刷。气垫式和平底式短毛刷是梳妆台上的传统发刷，是梳理长发的理想工具，具有平滑头发、增加光泽、减少静电的功能。可以选用大、中、小号的尼龙纤管猪毛发刷、纯毛发刷或尼龙发刷。

（二）梳子

梳子（见图 5-2）应有锯齿，但齿刃不应锋利。吹直发时使用九排梳，梳理乱发或上润发露时，选用宽齿距发梳；分发

线时，选用尖尾梳；为增加发量，可采用尖尾梳逆梳法进行打毛处理；修饰头发时，选用定型梳。

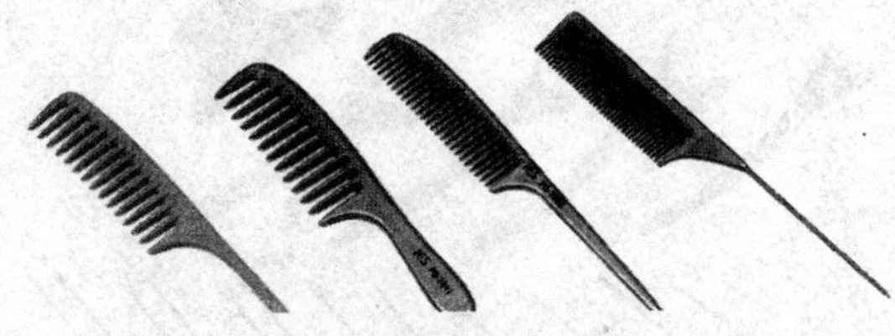

图 5-2　梳子

（三）卷发器

卷发器（见图 5-3），规格齐全，是做干发卷和湿发卷的理想工具。使用简便快捷，无需发卡、发夹。

图 5-3　卷发器

（四）发夹

发夹（见图 5-4）是发式造型时的必需品，主要起到固定头发的作用，有各种形状和材质。

（五）吹风机

吹风机（见图 5-5）是塑造发型的重要工具，主要用于头发洗涤后吹干和发型整理，分为有声吹风机、无声吹风机及大吹风机（又称烘发机）。

图 5-4　发夹

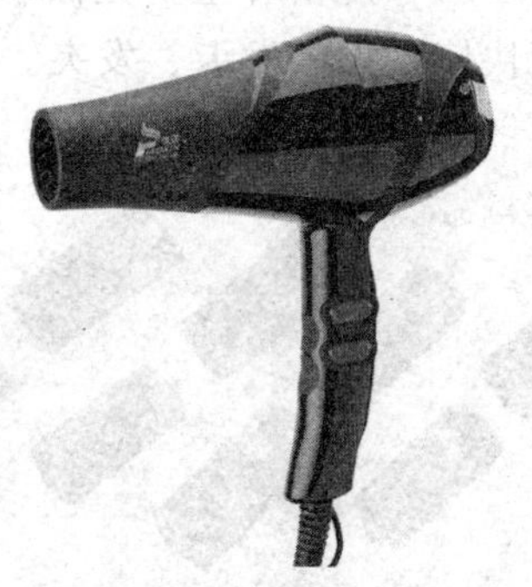

图 5-5　吹风机

（1）有声吹风机。特点是功率大、风力强，适合于吹粗硬的头发，但噪声大。一般按风力设有大风挡和中风挡，使用时可按头发性质选择风力挡，同时风口可套上扁形或伞形的吹风套，使风力成一条线或一大片。

（2）无声吹风机。无声吹风机噪声小，按温度的高低分一挡和二挡，适合于吹细软的头发或头发定型时用。

（3）大吹风机。大吹风机又称烘发机，主要作用是头发盘卷发圈后套在头上吹干发圈上的头发。

另外，还有家庭用吹风机、红外线吹风机、分离式吹风机等。

（六）电热卷发器

电热卷发器（见图 5-6）是卷曲头发的电热棒，通过加热暂时改变发丝卷度，快速便捷。卷筒的粗细有不同规格，可根据发卷的大小选用不同规格的卷发器。

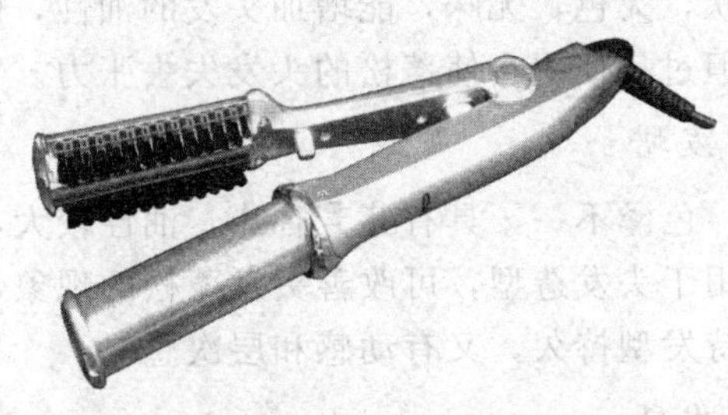

图 5-6　电热卷发器

（七）电热定型器

电热定型器（见图 5-7）具有拉直头发、定型及改善发质等功能。还可配置不同夹板，夹出不同卷曲的发丝，如麦穗状，成型快速、使用方便。

图 5-7　电热定型器

二、发式造型产品的选择和使用

随着科学的进步，美发、固发用品越来越多，功能也越来越全面。常用的美发、固发用品有下列品种。

（一）发油

液体状，无色，无味，能增加头发的油性，保持头发的亮丽光泽。但过量使用会使蓬松的头发失去张力。

（二）发蜡

膏状，色泽不一，具有芬芳香味，油性较大，也有一定的黏度，适用于头发造型，可改善头发蓬松的现象，使头发有光泽感，保持发型持久，又有动感和层次感。

（三）发乳

乳状，白色，富含水分，油质少，不但便于造型、增加头发的水分和光泽，还使头发没有油腻感。

（四）发雕

乳状，有黏度，便于头发造型，并使头发具有一定的柔软度和光泽度，有微湿的视觉感，能让秀发充分展示线条美。

（五）啫喱

透明膏状，色泽不一，用于局部造型，起固发保湿定型作用。

（六）发胶

种类较多，硬度不一，有无色的、单色的、七彩的，便于局部造型，起固发作用。可根据不同造型效果选择不同种类的发胶。

（七）摩丝

白色泡沫状，具有芬芳香味，用于局部造型，起固发作用，并能保持头发的湿度和亮度。

第二节　盘（束）发的梳理

一、盘（束）发的种类

一直以来，人们在塑造发型艺术上花了很大的精力，表现出了极高的智慧。目前，每个国家或每个民族都很重视修饰发型，其原因是发式可以做多种变化，正确的塑造可以充分展现出个人的风格与品位。

盘（束）发是我国传统发型之一，在各式发型中有着独特的效果。从古代流行至今经久不衰的主要原因是它具有式样高雅华贵、端庄大方、立体感强、造型变化多、形象逼真等特点。

发结、发髻、发辫是盘（束）发的三种基本形式。随着时代的发展、科学的进步和人们的审美水平的提高，盘（束）发的种类不断丰富、发展。根据人们活动的场合、环境的氛围，盘（束）发大致可分为婚礼盘（束）发、晚装盘（束）发和休闲盘（束）发三大类。婚礼盘（束）发和晚装盘（束）发是礼节性发型，休闲盘（束）发是生活发型。当然，还有些是艺术型盘（束）发。

发结、发髻、发辫各自可独立成型，也可相互结合成型，其种类分别介绍如下。

（一）发结

发结实际上是一种束发的方法，是用发夹、橡皮圈将发束根部固定，或直接用发带固定来改变某一部分头发的自然垂直状态，对发式起着衬托和装饰作用，使其形成更多的发式变化。

发结的不同位置和直卷程度表现出的风格有很大差异，与人的身高、脸形、体型等关系密切，对表现不同年龄女性的性

格有着直接关系。

直发直接梳绑，休闲家居。直发抹用美发产品后梳整，时尚有型，有知性美。卷发绑结后则具女性韵味，将烫过的头发，抹用美发产品后用手指抓成发结，随意而流行。用电热卷微卷过后梳理显得柔美而婉约。

发结的位置可以在头顶、脑后、后颈部、头两侧等，可根据不同的要求及发结造型需要来定。发结的尾部头发刚好盖住后颈发际线的发结，漂亮又时尚。长度若超过发际线，则给人轻松休闲感。

扎结的方法有以下四种：

(1) 一侧扎结。先把头发梳顺，在头顶部挑起一道二八分或三七分的头缝，小边的头发向侧面横梳，大边的头发斜着向后梳，额前刘海应预先挑出梳好。用梳子自顶部挑起一束成片形的头发梳齐。用发带在头发上打结，结的位置应在大边的耳廓上端，也可用花式发夹代替发带束住头发。

这种扎结适用于直发类平直式短发，梳成后的式样活泼。如发结的位置低，则显文静。

(2) 两侧扎结。使人显天真，活泼。与一边扎结方法基本相同。只是中间对分头缝，左右两侧耳廓以上各扎一个对称的结，除短发外，卷发类中长发和发辫中的双辫、短辫也都适于此法。

(3) 脑后扎结。这种发结适宜长发或中长发，顶部及两侧头发都向后梳，额前式样按脸形设计。头发全部向后梳拢，将左手的拇指和示指张开成八字形，沿脖颈伸入发根内，将发根全部纳入两指，随之将手指自发际线向上托至枕骨位置上，右手拿梳子在两侧及顶部梳理，用发带将全部头发扎成一束，卷曲的发梢从枕骨向下自然垂荡。自然下垂的头发可梳成马尾形、波浪形等各种形状。

(4) 顶部扎结。这种发结使人突显个性，但较适宜长发，

将四周头发全部梳向顶部，也可稍偏左或右，然后用发带将头发扎成一整束，发梢任其自然下垂。注意后颈发际到发结不可太松散。头发表面若凹凸不平，可用尖尾梳的尖柄插入整平。

（二）发髻

发髻是盘发类的发式。发髻的形状丰富多变，发髻内还可衬以假发。直发和卷发只要有一定的长度均可盘发髻。

（1）直发盘髻。先将头发自顶部及两侧向后梳拢，刘海部分头发预先挑出，用橡皮圈把顶部梳齐的头发与垂在后面的头发沿发际线根部束扎在一起，绞拧成股，围住根部束扎的地方，盘成各式发型，用发夹固定，发梢藏在里面，也可留些发梢在外加以点缀。

（2）卷发盘髻。卷发的发髻，基本上都是以长发的发梢盘成几只大型筒圈作为梳理基础。

梳理时，先将额前头发挑出，按式样梳好，顶部及两侧梳出需要的花纹，然后在枕骨位置上，把后颈头发并拢，用橡皮圈或头绳扎紧。这时筒圈就集中在一起，再用梳子将其挑开，必要时也可把一只筒圈分为几段，使其排列成圆形，发梢仍向圆心方向卷，把外圈的头发丝纹理顺，即为圆筒髻，也可按前法把头发扎紧后，再将筒圈拆散，分成几股从四周向中间梳成有起伏的波浪形发髻、花瓣形发髻和优美线条图案形发髻，或其他不规则的形状等。

总之，只要配合头型，可以任意变化。

（三）发辫

发辫是束发类的发式，具有我国民族传统，按传统常用的是三股辫，位置一般在耳后两侧和脑后。现在发辫的变化很多，而且梳辫的位置也可以随意定位。

二、吹发造型

（一）吹风梳理程序

1. 直发类发型的吹风梳理程序

（1）长发吹风梳理程序。先吹后部，分层由后颈逐层向上吹：再吹两侧；接着吹顶部；然后吹前额刘海部位；最后整体调整（用排骨刷、九行刷配合整理），修饰定型。

（2）短发吹风梳理程序。先吹顶部（两侧顶部）；再吹脑后，分层由上而下吹；接着吹两侧及四周；然后吹前额刘海部位；最后整体调整，修饰定型。

2. 卷发类发型的吹风梳理程序

先用圆滚刷配合吹风，从顶部开始逐层拉、滚一遍；再用排骨刷再调整高度和纹理流向；接着吹前额刘海，使整体初步成型；然后用九行刷整理纹理；最后整体调整，修饰定型。

3. 大波浪（做花）的吹风梳理程序

做花时，先洗净头发，然后用塑料卷筒按发型需要全部上卷。操作前先将头发分区、分份，每份发片的长度和厚度与卷筒的长度和直径一致。操作时应将发片梳通，把卷筒放在发尾处进行旋转，将发尾带入卷筒的表面毛刺内，卷到根部，用发夹固定，用网罩包住全部卷筒固定。进入大吹风机（烘发机）内烘干头发，烘发时间为 25～35 分钟，冷却 10 分钟，拆去卷筒。接下来，吹风梳理，先用钢丝刷梳通顺，梳出基本轮廓纹理（波纹状）；然后吹风固定波纹；接着修饰调整纹理和轮廓。如果后颈处需要做反翘式；应将后发区头发分份，用滚梳将发尾做成反翘式样，与上面波纹的纹理协调，最后整理定型。

（二）吹发造型的注意事项

发式造型中最关键的是梳刷的变化和吹风机的变化。

1. 梳刷的变化

梳刷的变化包括梳刷的角度、力度、发量、方向及弧度等方面的变化。

（1）角度。梳刷带起发束的角度大小可确定发型蓬起高低。如梳刷带起的发束超过 90 度时，则发型突出高度；而小于 90 度时，则发型突出弧度。

（2）力度。双手使用梳刷的力度要均等，避免带起的发束高低不等，弧度大小不同，而造成发型不协调。

（3）发量。梳刷每次所带发量要均等，使发片受热均匀，避免发量过多造成吹风不透导致发型塌陷。

（4）方向。梳刷的方向是制造发势的方向，梳刷带起发干的方向与发势方向相反，如线条向后，梳刷向前带发；线条向右，梳刷向左带发。

（5）弧度。吹风时，梳刷带起头发的弧度要适中，逐渐加高或降低，不要过快或过慢，否则会造成发型凹凸、不圆顺。

2. 吹风机的变化

吹风机使用是否适度，直接影响发型的质量，其中吹风机的变化包括送风量、送风角度、送风时间及送风位置等方面的变化。在运用吹风机与梳刷工具配合时，不宜过多吹刷，以免使头发僵化，产生静电反应。在运用感应式吹风机定型时，不宜过多进行平伏及压伏处理，否则会使发型呆板、做作。

第六章 服装服饰基础

第一节 个人色彩与着装

我们生活在一个五彩斑斓的世界，每一个季节的颜色都是不同的，每一个人也都是有差别的。怎样选择服装的色彩体现出自己的风格，在色彩上与自己的肤色相符合，整体感更协调，体现出更健康的肤色呢?

一、色彩分析

想知道哪种色彩最适合自己，我们就需要先了解色彩，才能更好地应用它。

(一) 色彩的支持结构

通过阳光照射而产生了光谱带，大体会呈现出红、橙、黄、绿、青、蓝、紫这几大类型。

1. 一次色（图 6-1)

光谱带中开始和结束的颜色混合出现，叫作一次色。这些色彩醒目热烈，色彩的纯度高，所以也很容易引人注意，表现力也十分强。分别是：正红、柠檬黄、正蓝。他们在色相环上构成了等边三角形。

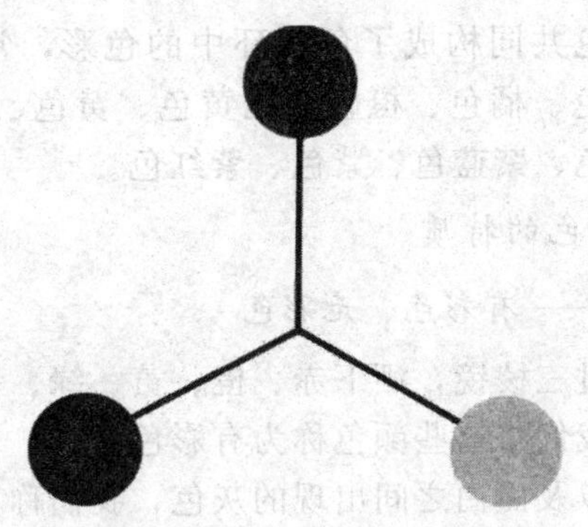

图 6-1　一次色

2. 间色（图 6-2）

由两种原色相混合而构成，叫作二次色，也叫作间色。这些色彩跳跃，虽然颜色也很鲜艳，但是没有三原色的强度。在色相环中构成了倒三角形。

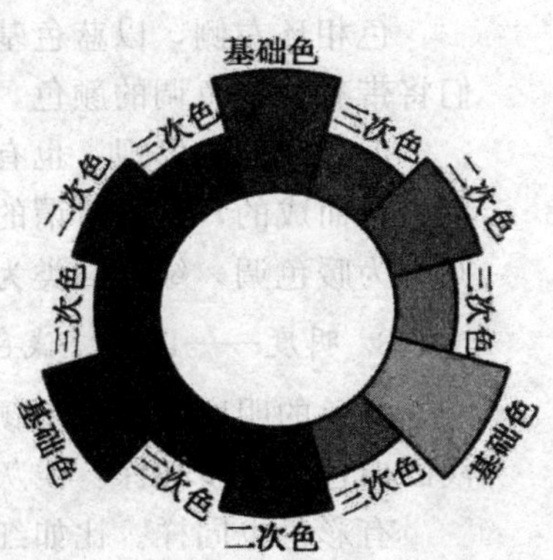

图 6-2　间色

3. 过渡色

由原色和间色相加构成的色彩，叫作三次色，也叫过渡色。

这些颜色共同构成了色相环中的色彩，常用色为 12 色，分别是：红色、橘色、橙色、橙黄色、黄色、黄绿色、绿色、蓝绿色、蓝色、紫蓝色、紫色、紫红色。

（二）颜色的特质

1. 色彩——有彩色、无彩色

阳光透过三棱镜，洒下赤、橙、黄、绿、青、蓝、紫这些彩虹颜色。我们将这些颜色称为有彩色。

黑与白以及黑白之间出现的灰色，我们称其为无彩色。

另外，有两种色彩，我们既不把它归类为有彩色，也不把它归类为无彩色，就是金色和银色。

2. 色调——暖色调、冷色调

在色相环中，垂直将红色均匀切开。色相环右侧，以黄色调为主基调，温和自然，暖意十足。我们将带有黄色色调的颜色，统称为暖色调。

色相环左侧，以蓝色基调为主，清凉冷艳，冷静凛冽。我们将带有蓝色色调的颜色，统称为冷色调。

但是我们会发现，也有颜色几乎是等比例的黄色和蓝色底色组合而成的，就是所谓的纯色，但是我们一般习惯于将红色归类为暖色调，绿色归类为冷色调。

3. 明度——深色、浅色

颜色的明度，也就是颜色的深浅程度。想象一个颜色由最浅的白色，逐步加深：浅灰—中灰—深灰，一直到黑色。

有彩色也同样。比如红色，最深的“褐紫红色”和最浅的“粉白色”之间，就存在着无限多的不同等级的明度。

介于暗黑到中等明度之间，称为深色。

介于苍白到中等明度之间，称为浅色。

4. 纯度——亮色、浊色

纯度是指色彩的纯正程度，是观察一个颜色鲜艳或是柔和

的程度。

纯度越高，色彩越艳丽饱和，这些颜色称为亮色。

纯度越低，色彩越浅淡暗沉，称为浊色。无彩色、中间色都属于这一类。

二、个人色彩解析

人是大自然的一员，是色彩的微观存在，在一个人的身上同样具有颜色的特征——色调、明度和纯度。个人的色彩是通过一个人的皮肤、毛发颜色以及瞳孔颜色等所展现的。

若想选择恰当得体的颜色来彰显个人的特质，那么服装的颜色就需要与个人的色彩相协调。

（一）个人色彩的表现

冷色与暖色，深色与浅色，亮色与浊色，在一个人身上是怎么体现的呢？如何知道自己是哪一种呢？我们就来逐个分析一下。

1. 冷色

几乎看不到任何明显的暖色，即使有暖色，也不会十分明显。整个人整体色调较“灰”。

肤色：冷色系的人肤色一般为浅黄色、玫瑰黄，并且皮肤中有可能带有蓝色调或者灰色调。

瞳孔色：瞳孔颜色一般为黑色、棕色、棕黑色或者灰棕色。

毛发颜色：黑色、棕色、深棕色或者灰色，并且头发会随着变白而更加显灰。

2. 暖色

暖色系的人整体感觉金灿灿的，有明显的金黄色或者暖色调。闪耀着健康的光芒。

肤色：象牙白、黄铜色、古铜色的肤色最为常见，在一些

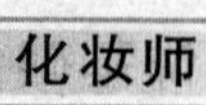

人群中也能在面部看到俏皮的小雀斑。

瞳孔色：棕色、棕黑色或者像古玉一样的黄色。

毛发颜色：金棕色、赤褐色、深棕色、棕黑色、蜜糖色或者榛果一样的褐色，并且闪耀着金属一样的光泽。

3. 深色

属于深色的人，整体感觉颜色较深，色彩感觉丰富而强烈。

肤色：深色并不表示肤色一定会看起来很黑，也很有可能是橄榄色、古铜色或者灰褐色。皮肤不十分细腻，透明感不足。

瞳孔色：黑色、棕色、红棕色。

毛发颜色：黑色、棕黑色、深棕色或者栗子一样的颜色。发质一般较硬、较粗，头发较厚。

4. 浅色

浅色人群整体感观比较温和，在颜色上感觉比较柔和。

肤色：象牙白、粉红色、灰褐色是浅色人群较为常见的肤色，甚至肤色有可能看起来略显苍白，两颊通常会带有粉红色的红晕。

瞳孔色：棕黑色、黑色、灰黑色、红棕色。

毛发颜色：棕黑色、灰棕色、棕色、浅棕色或者黑色。毛发的质地相对于深色人群来说要柔软许多，并且颜色也不是十分强烈。

5. 亮色

亮色的人看起来清爽、利落。皮肤与毛发的颜色有强烈的对比。

肤色：肤色细腻，但不如浅色人群细致，又不像深色人群一样强烈，肤色色调很浅，透明感极强。常见的皮肤颜色有象牙白、陶瓷白等。

瞳孔色：黑色、棕色、淡褐色。眼神清澈，眼白清晰，与瞳孔形成强烈对比。毛发颜色：黑色、深棕色或者棕黑色。

6. 浊色

浊色系的纯度比较低，整体感觉颜色不会太深，但有重量感和丰富的质感。“暖色”的人群往往会随着年龄增长、白发增多而向浊色系过渡。

肤色：浅灰黄、玫瑰古铜色、玫瑰浅灰黄的肤色虽然柔和但不细腻。两颊没有明显的红晕。

瞳孔色：棕色、玫瑰棕色、浅褐色、灰棕色或者棕黑色，眼白是柔和的白色，令眼神看起来也十分温和。

毛发颜色：棕色、灰棕色、柔和的黑色或者和桃木一样的褐色。

（二）寻找主要颜色与次要颜色

1. 主要颜色

刚刚判断的“你到底是属于冷色还是暖色？深色还是浅色？亮色还是浊色？”所诊断出的就是你的主要颜色，也是在素颜的情况下，其他人第一眼对你的印象。

2. 次要颜色

除了第一眼就能够认出来的主要颜色以外，每个人还都有次要颜色。主要颜色找出来之后，很容易就能够找到自己的次要颜色。主要颜色与次要颜色往往十分接近，甚至次要颜色与主要颜色所占的比重差不多，并且是可以互补的关系。

三、服装颜色的选择

怎样将正确的颜色穿上身，才能令人看起来健康美丽又得体？谨记下面这些色彩搭配至尊秘籍，你也能成为自己的专业穿衣顾问。

(一) 按照个人色彩选择服装颜色

掌握了自己的个人色彩之后，将主要颜色与次要颜色进行整合，就可以得出专属于自己的色彩，拥有很大的选色空间。既可以单独使用这些色彩，也可以与中性色或者其他的颜色搭配来使用。

1. 中性色的配色法则

中性色有哪些呢？黑色、灰色、深蓝色、浅褐色、驼色等颜色是适合所有人的中性色。这些色彩单独穿，可以体现出人的严谨气质。但是，如果能够将它们与你个人的主要或者次要颜色搭配来使用，能够塑造专属于自己的个人风格。

2. 冷色人的配色法则

没有人是完全的冷色系的，只能说是比较适合冷色系的颜色。冷色人要尽量少用暖色系的颜色，因为非常暖的色调会使皮肤看起来蜡黄，不健康。

(1) 保险颜色。

· 中性色：白色、灰色、黑色、浅灰褐色、银色、卡其色等。

· 红色系：正红色、酒红色、玫瑰红色、粉红色、蓝红色等。

· 黄色系：作为点缀时少量使用柠檬黄色。

· 绿色系：蓝绿色、翡翠绿色等。

· 蓝色系：正蓝色、海军蓝色、深蓝色等。

· 紫色系：紫色、李子紫色等。

(2) 危险颜色。

橘色、凫色、黄绿色、金黄色、驼色、绝大多数的褐色等。

3. 暖色人的配色法则

暖色人群有着阳光一样温暖的金黄色泽，将浅色与比较深

的暖色作搭配穿在身上，会有不一样的魅力。

(1) 保险颜色。

· 中性色：驼色、卡其色、茶色、褐色、黄褐色、带有暖色调的灰色等。

· 红色系：番茄红色、砖红色等

· 橘色系：橘红色。

· 黄色系：金黄色、浅黄色、棕黄色等。

· 绿色系：橄榄绿色、太绿色、草绿色、玉绿色、带有灰色调的绿色等。

· 蓝色系：凫色、海军蓝色等。

· 紫色系：紫色、茄紫色等。

(2) 危险颜色。

翡翠绿色、西瓜红色、粉红色、天蓝色、蓝灰色等。

4. 深色人的搭配法则

深色人群会同时具备暖色和冷色两种色调。无论是穿暖色、冷色还是纯色都会非常合适，但是要避免冷暖倾向过于突出的颜色。在穿着对比色服装时，也需要中性色来点缀、调和。

而随着年龄的增长，毛发黑色素减少，灰色发色会慢慢显现，所以，深色系人群年纪大以后，大多会更倾向于冷色系。

(1) 保险色彩。

· 中性色：黑色、灰色、灰褐色、巧克力色等。

· 红色系：正红色、番茄红色、深酒红色、牡丹红色等。

· 橘色系：铁锈红色、深红褐色等。

· 黄色系：亮柠檬黄色等。

· 绿色系：松绿色、蓝绿色、松绿色等。

· 蓝色系：凫色、深蓝色、蓝黑色、海军蓝色等。

· 紫色系：紫色、青紫色、茄紫色等。

（2）危险色彩。

浅粉色、浅蓝色、淡绿色、黄色、薰衣草紫色等。

5. 浅色人的搭配法则

带有微微的暖色成分和微微的冷色成分的组合，会令浅色人群看上去清爽又自然。要避免单独使用冷暖倾向过于突出的颜色。而强烈的对比色会“只见颜色不见人”，无法淋漓尽致地展现出浅色人的特质。

（1）保险颜色。

· 中性色：灰色、灰褐色、可可色、米白色等。

· 红色系：西瓜红色、草莓红色、玫瑰红色、粉红色等。

· 橘色系：桃粉色、珊瑚色、珊瑚粉色等。

· 黄色系：柠檬黄色、浅黄色、灰黄色等。

· 绿色系：蓝绿色、浅蓝绿色等。

· 蓝色系：浅蓝色、天蓝色、带有灰调的深蓝色等。

· 紫色系：薰衣草紫色、紫罗兰色等

（2）危险颜色。

强烈的深浅对比色、黑色、发暗的深蓝色、浓绿色、南瓜黄色、铁锈红色等。

6. 亮色人的搭配法则

亮色人群千万不要将两种深色同时穿在身上，最好能够与浅色或者亮色搭配来穿。

（1）保险颜色。

· 中性色：白色、黑色、灰色、灰褐色等。

· 红色系：正红色、牡丹红色、紫红色、粉红色等。

· 橘色系：橘色、珊瑚色、珊瑚粉色等。

· 黄色系：柠檬黄色等。

· 绿色系：正绿色、蓝绿色、翡翠绿色等。

· 蓝色系：正蓝色、较亮的深蓝色等。

·紫色系：紫色。

(2) 危险颜色。

所有看起来比较浊的颜色，浑浊的蓝色、加了灰调的橄榄绿色、古铜色、砖红色、发暗的橘红色等。

7. 浊色人的搭配法则

浊色系的人群很适合穿“无彩色”的服装，另外，穿上颜色单一或者是不鲜明的颜色，会显得十分优雅，有气质。

(1) 保险颜色。

·中性色：无彩色、米色、灰色、灰棕色、巧克力色等。

·红色系：深酒红色、粉红色、玫瑰红色、番茄红色等。

·橘色系：桃色、铁锈红色、珊瑚色等。

·黄色系：金黄色、淡黄色等。

·绿色系：玉绿色、橄榄绿色、蓝绿色、灰绿色等。

·蓝色系：凫色、灰蓝色、海军蓝色等。

·紫色系：茄紫色、发青的紫色等。

(2) 危险颜色。

强烈的对比色、鲜亮艳丽的颜色、翠绿色、正红色、正紫色等。

(二) 按照色相环选择服装颜色

上文中提到的色相环是我们的一大法宝，可以帮助我们自如地搭配整体服装的色彩，轻松解决搭配方案。

1. 相邻色搭配

选定一种颜色作为自己要穿着的颜色，这种颜色左右量变的颜色就叫作“相邻色”。这样的三个颜色的搭配，我们称其为“相邻色搭配”。在这三个颜色中选取两个或者三个颜色搭配，都会十分协调。

2. 同色系搭配

在同色系中，选择深浅有差异的颜色来做搭配，会使整体效果和谐雅致又不单调。从头到脚浓淡有差的同色系搭配，让你看起来更有层次感。同色系的整体搭配是很保险的一种搭配方法，很能够体现协调统一的视觉效果。

第二节　个人风格与着装

每个人都有自己的一套着装风格，但是不了解自己适合的着装风格便很可能会“将别人的衣服买回家”。在不同的场合下，也许穿着的服装虽然适合自己的风格，但是却不够“适当”。所以需要我们在恰当的场合穿着适合自己个人气质的服装。

一、服装类型与个人风格分析

你是修长高挑型还是小鸟依人型？五官是小巧精致还是大气十足？脸型是线条分明还是柔和圆润？任何一种都是你独具风格的美。

（一）服装类型与适合人群

辨认外部特征是辨认个人风格很重要的一步。你有独特的体型，与众不同的面部轮廓，穿上适合自己外形特征的服装，你就是流行的代表！

1. 自然型

适合自然型服装的人通常身材高大结实，骨架比较大，有像运动员一样气质，风格洒脱。

自然型的服装一般都比较休闲。牛仔裤、运动衫都是十分适合自然型的服装，令你看起来清新又健康。

2. 优雅型

适合优雅型服饰的人中等身高，五官匀称，体型比例匀称。生活态度严谨而又保守的人群也适合穿着优雅型服装。

优雅型的服装非常适合职业女性。职业套装、职业套裙都属于优雅型的服装。

3. 浪漫型

荷叶边，高跟鞋，黑色蕾丝，绸缎长裙，亮片，披肩领，丝质短上衣，很有垂坠感的纯丝长裤，拖尾长裙，露肩小礼服……都是浪漫型的服装所具有的元素。

每个人在某个需要盛装打扮的场合都可以使用浪漫型服装的元素来装扮自己，依据喜好来穿出自己的浪漫风格。但是在平时需要注意：不要装扮过度。

4. 夸张型

夸张型的服装更适合身材高挑修长、线条有棱角、具有鲜明个人特质的人群。若是身材不够高挑，但是后两个特征十分明显，也同样适合穿着夸张型服装。

夸张型服装通常情况下比较前卫，不落俗套，紧跟时尚潮流。

（二）了解你自己

需要特别注意的是，永远记住：服装是为你服务的。没错！你的确在身材上适合其中某一种类型，但是也许从性格上来讲，穿这一种类型的服装会让你觉得拘束，不自然。那么你就要更加深入地去了解自己的喜好，选择真正适合自己的服饰。

在选择衣服的时候要顺从于自己的欲望、个性和感觉。每个人都有可能因为某一种因素而特别喜欢某一种风格。那么我们也可以选择在色彩或者款式上找到更为舒适的感觉，从各个方面找到平衡点，才不会在每次要出门的时候瘫坐在堆得乱七八糟的衣服中。

二、在适当的场合穿恰当的服装

虽然被确定为最适合某一类型，但是每一种风格都不是适合所有场合的，我们需要因地制宜地来选择适合的服装，有效运用最适宜的风格，才能达到在个性中得体的效果。

每个人根据场合的需要，必须具备某一种风貌。这就需要我们将适合的风格与时间、地点、环境及个性搭配使用。

	自然型	优雅型	浪漫型	夸张型
职业场合	体力劳动者、体育教师、家庭教师、幼儿教师等以服务为主或者不需要广泛接触大众的行业	普通企业、政府机关、教育行业、房地产行业、律师等	不适宜穿着	娱乐行业、广告行业、媒体行业、设计行业等与艺术领域相关的行业
社交场合	不适宜穿着	酒会、晚宴、演讲等	酒会、晚宴、舞会、或者婚礼等正式场合	酒会、晚宴、婚礼、音乐会、婚礼等
休闲场合	度假、家庭聚餐、运动场合、娱乐互动、逛街购物等需要放松的情况下	聚会、出席某种活动时	烛光晚餐、约会	运动、购物逛街、聚餐、唱歌等娱乐场合

第三节　个人体型与着装

除了颜色和风格，当你确定一件衣服是不是适合你的时候，还要考虑到什么？没错，是不是适合你的尺码，跟你的身

型是否贴合，是不是你适合的花色，等等。你是不是也看见过，一个胸部不够丰满的小巧美人为了显出饱满的胸型而选择了胸部多点缀的服装，却显得欲盖弥彰？

一、体型线条

你怎么形容自己的身材呢？高、矮、胖、瘦？我们将人体的线条归类为直线和曲线两种。

想知道你是哪一种吗？你可以面对着镜子观察：在全身镜前，后退几步，直到可以看到全部的身体，看看自己的体型主轮廓是什么。当然，我们还有另一种简便的方法，通过影子来观察自己的身体轮廓：背对着光线，面对着一面平整的墙，站在合适的位置，就可以看到自己整个的影子身型轮廓线。没错，记得我们说的是身体的轮廓而不是服装轮廓，我想你明白我的意思，不要穿着臃肿的衣服来观察。

（一）直线型身材

以直线为主要的身体线条，几乎没有什么腰身，肋骨和臀部看起来像一条直线，没有明显的起伏。胯部一般比较窄小，臀部相对比较扁平。大部分直线型身材的人肩膀平直较方，甚至肩膀很宽。胸部不够丰满，偏中等或者偏小。我们将这种身材称为直线型身材。

另外，不要让某一个别的点干扰了你的判断，比如：丰满的胸部，圆翘的臀部，粗壮的大腿。要记住，通过整体观察身体线条，来作为判断身材的标准。

直线型身材又分为：普通直线型和棱角直线型。根据几何分析图形，能够很好地理解和分析这两种直线型身材的区别。

（二）曲线型身材

曲线型的身体凹凸有致，身体轮廓弯曲的线条感十足。可能是相对柔和的曲线也可能是十分明显的曲线。曲线型身材的人大多很有腰身，胸部丰满，胯部较宽，臀部浑圆。

只有向里凹才是曲线型的腰身曲线吗？孕妇或者有了游泳圈的向外凸的腰身怎么办？其实，向外凸也是曲线的一种，同样算是曲线型身材。

曲线型身材根据其曲线的弯度分为：普通曲线型和柔和曲线型。根据几何分析图形，也十分容易理解。

（三）身体线条小结

如果你还是很难确定自己到底属于哪一种身材，你可以对照列表来对比一下，看一看自己与哪一种最为贴近。

	普通直线型	棱角直线型	普通曲线型	柔和曲线型
身体线条	方形或者长方形	倒三角形加长方形的组合	椭圆形或者圆形	椭圆形
整体线条	长方形	拥有宽阔肩膀的倒三角形和笔直的身体线条	圆形。曲线感十足的丰满身材	椭圆形。拥有明显的曲线线条的身材

随着年龄的增长，体重的增减，身材也会发生变化，身体线条也会产生相应的变化。但是由于骨骼是固定不变的，所以，虽然会有所变化，但是却不可能从非常直线变为非常曲线的线条，反之亦然。

二、着装须知

衣服是自己身体线条的延伸。燕瘦环肥，每一种都是独特的美，做舒适的自己，用服装的线条来为自己扬长避短。在诸多款式和尺码的服装中，挑出适合你身材的那一种。

（一）服装尺码

S、M、L 还是 XL，哪一种是适合你的尺码呢？也许你会

说，这还不容试就知道了！没错，那就试一下，看看你的衣服合体吗？

经常碰到一些圆润丰满的女性，喜欢买小一点的紧身尺码，这是一个可怕的倾向，它只会在心理上给你增加满足感，而不是视觉上。也会碰到骨感的女性专门选择肥大的服装，同样会适得其反。

1. 选择适当的尺寸

如果你的身高低于 160 厘米，建议你选择小号尺码的衣服。

如果你的身高在 160～170 厘米之间，选择标准尺码的服装就是恰当的。如果你的身高超过 170 厘米，则适合选择大尺码的。

当然，还有超大尺码的服装可供我们选择。

2. 怎样才合体

(1) 衬衫。

肩部：肩部与袖子的连接线应当在肩头的上方或者外侧，如果在肩头内侧则证明服装偏小。

袖长：双臂下垂，袖口在手腕与手掌交接的位置，超过则太长。

围度：在扣好纽扣之后，胸部两侧、腋下位置至少有 2.5 厘米左右的空间。腹部有大约有 5 厘米左右的余量。

长度：衬衫的下摆应当可以遮盖住髋骨。

(2) 外套。

肩部：衣服肩部宽度要比实际身体肩宽至少多 2.5 厘米左右。

袖长：可以令衬衣的袖子露出大约 1 厘米的长度。

围度：在外套的纽扣扣起来之后，里面应当有衬衣或者毛衣的穿着空间，身体两侧需有 4 厘米左右的余量。

口袋：口袋的开口闭合，平整，没有褶皱。若有开合或者不平整的情况则说明尺码偏小。

(3) 裤子。

腰围：在正常放松状态下，腰部需有两个指头的余量。拉链处平整，没有翘起。

臀部：臀部需要留有 3～4 厘米的余量，不可以显出内裤的线条。

(二) 服装图案

随性写意的泼墨，狂野热情的玫瑰，夏威夷热带椰林树影，拥有尖锐线条的几何图案……设计师一直不遗余力地用他们天马行空的想象力在为服装的图案加以丰富，哪一些才是适合你的呢?

简单地说，线条硬朗、棱角笔直的越适合直线型的服装，柔和弯曲的线条适合曲线型服装，要注意服装线条与图案的平衡关系。当然也有例外情况，用两者来做一些适当的搭配，但要注意服装与图案线条的协调性。

1. 直线型服装适合图案

线条笔直的几何图案，流行不败的格子图案，或直或斜的条纹状图案，神秘莫测的抽象图案，时尚变换的摩登图案等。

2. 曲线型服装适合图案

柔和的花朵图案，写意的泼墨水彩图案，螺旋状的漩涡花纹，耀眼变换的旋动花纹，迷人优美的写实图案，流动的云状花纹，漂亮圆滑的圆形图案等。

3. 百搭图案

漩涡花纹，写实图案，丛林图案，棋盘格图案，条状纹路，动物图案，方格图案，满版的印花，小巧的圆点等。

第七章　化妆基础

第一节　化妆品知识

一、化妆品原料知识

化妆品是由各种原料经过配方加工而成的一种复杂混合物。在化妆品的配方中，一般把原料分为基质原料和辅助原料—基质原料是组成化妆品的主体，是在化妆品内起主要作用的物质。辅助原料具有化妆品成型、稳定或赋予其色、香等作用，在化妆品配方中用量不大，但极为重要。

（一）基质原料

1. 油性原料

油、脂、蜡是油性物质的总称，是组成化妆品的基质原料。通常以常温时原料的物理形态区别称之。主要起护肤、柔滑、滋润、固化赋形和特效等作用。油性原料主要包括植物油、动物油、矿物油和蜡、半合成油、脂等。

（1）植物油。自古以来，蓖麻油、橄榄油和山茶油一直是化妆品的原料。

（2）动物油。动物油与植物油相比，其色泽较差或有臭味，一般不直接使用。

（3）矿物油和蜡。矿物系的油性原料的主体是由石油精制工业提供的各种饱和碳氢化合物经选择整理后形成的，供化妆

品用的有液状石蜡、凡士林、固体石蜡、微晶石蜡等。

2. 粉类

粉类是组成香粉、爽身粉、胭脂、眼影粉和牙膏等的基质原料，是粒度很细的间体粉末。它在化妆品中主要起增稠、悬浮、保湿、遮盖、滑爽、摩擦等作用，同时又是粉状面膜的基质原料。粉类化妆品状态一般有粉状、同体状、分散在固体状的油相中或悬浊液中等。化妆品中的主要粉体原料有滑石粉、高岭土、钛白粉、氧化锌、淀粉、硬脂酸锌、硬脂酸镁等。

3. 溶剂类

溶剂是膏状、浆状及液体的化妆品（如冷霜、雪花膏、牙膏、洗发水、香水、花露水及指甲油等）配方中不可缺少的主要组成部分。它和配方中的其他成分互相配合，使制品保持一定的物理性能。许多固体化妆品的成分中虽然不需要溶剂，但是在生产过程中，有时亦往往需要一些溶剂的配合。例如，将粉饼制成颗粒的时候，就需要加入一些溶剂以帮助粘胶。某些少量的香料及颜料的加入，亦需借助溶剂以达到均匀分布的目的。溶剂除了主要的溶解性能外，在化妆品中往往还可发挥其他一些特性，如挥发、湿润、润滑、增塑、保香、防冻及收敛等。

（二）辅助原料

化妆品辅助原料主要分为表面活性剂、水溶性高分子、色素、香料与香精、防腐剂、抗氧剂、收敛剂、紫外线吸收剂、药物、生物制品等。它们在化妆品配方中所占的比例不大，但由于各具独特的性质和功能，因此有着不可替代的重要作用。

1. 表面活性剂

表面活性剂是一种能使油脂、蜡与水制成乳化体的原料，它能使油溶性与水溶性成分密切地结合在一起，使油一水分散体系保持均一稳定性。溶液中的溶质附在气体与液体、液体与

液体或液体与固体的交界表面，将这些表面性质显著改变的作用称为表面活性或界面活性。表面活性剂具有乳化、洗涤、润湿、分散、增溶、发泡、保湿、润滑、杀菌、柔软、消炎和抗静电等作用。一般表面活性剂的分子结构中都包含亲水基因和亲油基因。表面活性剂分为阴离子型、阳离子型、两性离子型及非离子型 4 类。

2. 水溶性高分子

水溶性高分子是结构中具有氢基、羧基或氨基等亲水基的高分子化合物。它在水中能膨胀成凝胶，在许多化妆品中被用做黏合剂、增稠剂、悬浮剂和助乳化剂。水溶性高分子分为 3 类，天然高分子，有明胶、果胶、海藻酸钠、淀粉等；半合成高分子，有甲基纤维素、羟甲基纤维素钠等；合成高分子，有聚乙烯醇、聚乙烯等。

水溶性高分子在化妆品中具有以下作用：

（1）提高分散体系的稳定性，具有增稠作用。

（2）提高乳液的触变性，具有胶体保护作用。

（3）提高成膜性和定型效果。

（4）降低乳液的表面张力，具有乳化和分散作用。

（5）提高粉类原料的黏合性。

（6）具有保湿及营养保健等功效。

3. 香料与香精

香料会给化妆品带来一种幽雅舒适的香味。香料可以分为天然香料和人造香料。天然香料分为植物香料和动物香料，人造香料分为单离香料及合成香料。

（1）植物香料。由植物的花、叶、枝干、根、树皮、树脂、果皮、种子及胎衣等制成。植物香料的提取方法有水蒸气蒸馏法、溶剂萃取法、压榨法、油脂吸附法等。

（2）动物香料。如麝香、灵猫香、海狸香和龙涎香是配备

高级香精的必备原料，因为货源稀少，所以价格昂贵。麝香是公麝的生殖腺分泌物，其香味成分主要是麝香酮。

4. 色素

色素是赋予化妆品一定颜色的原料，通常称为着色剂。化妆品是通过色素溶解或分散而使其基质原料和其他原料着色的。对水溶性或油溶性着色剂常先制成溶液，对不溶性着色剂则将其分散在介质中。

化妆品中的着色剂应达到以下要求：

(1) 安全性高，应无致变性、致过敏性及致癌性等。

(2) 光稳定性好，在紫外线的照射下不易变色和褪色。

(3) 与化妆品其他原料相溶性稳定。

(4) 与化妆品的功效性不矛盾。

色素有合成色素、无机色素和天然色素三大类。合成色素能溶于水，应用于膏霜、乳液、面膜、精华素等。化妆品用的色素与食用色素一样，要求十分严格。

5. 防腐剂

在化妆品生产过程中，不可避免地会混入一些微生物，而这些微生物正是引起化妆品变质、酸败的主要原因。添加防腐剂就是要抑制微生物的生长，防止化妆品劣化变质，起到防腐、杀菌的功效。

目前生产的一些化妆品，在配方上本身就具有杀菌、防腐的功效，如果原料纯度很高，操作环境与生产工艺要求也比较高的话，就不容易变质。因此，近年来一些厂家推出了所谓无防腐剂化妆品，实际上是产品配方中的某些成分本身就具有防腐、杀菌的效果。

防腐剂与杀菌剂是不同的。一般普通化妆品中加入的防腐剂能起到对细菌的抑制作用，而杀菌剂则是杀灭化妆品中的微生物，一般用于防治粉刺类、去屑止痒类等特殊用途的化妆

品中。

6. 抗氧剂

含有油脂类的化妆品很容易氧化变质而产生令人不愉快的臭味，因此，需要在这类化妆品中加入抗氧化的物质，这类物质就是抗氧剂。抗氧剂的种类很多，按照其化学结构的不同大致可以分为5类：酚类、胺类、有机酸、醇类、无机酸及其盐类，最常用的是酚类和醇类。

7. 皮肤吸收促进剂

皮肤对大多数药物或营养物质来说是一道难以渗透的屏障，许多营养物质渗入皮肤时渗透速度都达不到要求。所以寻找促进营养物质渗透皮肤的方法是开发化妆品的关键，它包括物理促渗法和化学促渗法。

皮肤吸收促进剂是指能帮助和促进药物、营养物质等活性物渗透进入皮肤，以被皮肤吸收的制剂。它的作用机制是改变皮肤的水合状态，改变药物、营养物质的分子结构，使其具有较高的皮肤亲和力，降低皮肤的屏障作用，以促进药物、营养物质渗入皮肤，从而被皮肤吸收。

二、常用化妆品及其使用方法

化妆品具有美化面部容貌、调整皮肤色调、修整面部轮廓及五官比例的作用，化妆师对人物进行化妆造型，必须具有正确认识并选择化妆品的能力。修饰类化妆品包括粉底、蜜粉、眼影、眼线液、眼线笔、睫毛膏、眉笔、胭脂、唇膏、唇彩、唇线笔等。

（一）粉底

粉底是最为常用的调整皮肤色调和增强面部立体感的化妆品。粉底的基本成分是油脂、水分以及颜料等。油脂和水分是粉底不可缺少的基本成分，它可以使皮肤滋润、柔软，并具有一定的弹性。颜料的多少决定粉底的颜色。根据水分、油分的比例不同，粉底可分为乳液状粉底和膏状粉底。根据用途的不同，还有做特殊处理用的遮瑕膏、抑制色。

(1) 乳液状粉底。乳液状粉底又分液体型粉底和湿粉状粉底。液体型粉底油脂含量少，水分含量较多，比其他种类粉底更能充分地表现出水的性质，化妆后显得温润、娇嫩、自然，适于干性皮肤和化淡妆使用。湿粉状粉底的油脂含量比液体型粉底多，有一定的遮盖性，能充分显示皮肤的质感，适用于干性、中性皮肤和影视妆。

(2) 膏状粉底。此类型粉底外观一般呈管状，故又称粉条，油脂含量较多，具有较强的遮盖力，可赋予皮肤光泽和弹性，适用于面部瑕疵过多的修饰及浓妆。其妆面效果可使皮肤显得有青春活力。乳液状粉底、膏状粉底使用时，借助海绵或手指将粉底涂于面部。

(3) 遮瑕膏。遮瑕膏是一种特殊的粉底，成分与膏状粉底相似，其质地较膏状粉底更干些，主要用于一般粉底掩饰不住的黑痣、色斑等较重的瑕疵。

(4) 抑制色。使用抑制色，主要是利用补色的原理来减弱面部的晦暗、蜡黄色以及脸颊上不自然的红色，起协调肤色、增加皮肤的红润及内嫩感的作用。如肤色偏红的部位用绿色抑制色，肤色偏晦暗或蜡黄可用淡紫色抑制色，苍白的皮肤可选用红色抑制色，缺乏光泽的皮肤可选用米色抑制色。抑制色、遮瑕膏在涂底色前使用。

(二) 蜜粉

蜜粉也称干粉或碎粉，为颗粒细状的粉末，具有吸收水分、油分的作用。将蜜粉扑在涂完底色的面部，可使皮肤与粉底结合得更为紧密，且能抑制粉底过度油光，防止脱妆，使肤色更为自然。

使用方法：借助粉扑将蜜粉拍按在皮肤上后，再用掸粉刷

刷掉浮粉。

（三）眼影

眼影是加强眼部立体效果、修饰眼形以及衬托眼部神采的化妆品，其色彩丰富、品种多样。常用的眼影分为眼影粉、膏状眼影两种。

(1) 眼影粉。眼影粉为粉块状，其粉末细致、色彩丰富，分珠光眼影和亚光眼影，含珠光的浅色眼影粉也可作为面部提亮色使用。

使用方法：珠光眼影可起到特殊的装饰作用，通常用于局部点缀；亚光眼影较适合东方人显浮肿的眼睛。使用时，根据妆型设计及眼部晕染部位和眼形的不同，选用不同颜色的眼影粉，在定妆之后，用眼影刷对眼睑进行晕染。

(2) 膏状眼影。膏状眼影是用油脂、蜡和颜料配制而成的。膏状眼影的外观和包装与唇膏相似，是现在比较流行的眼用化妆品。它的色彩不如眼影粉丰富，但涂后给人以有光泽、滋润的感觉。

使用方法：在涂完粉底定妆前直接用手指涂抹于眼部。

（四）眼线饰品

眼线饰品是进行睫毛线描画的化妆品，用来调整和修饰眼形，增强眼部的神采。描画睫毛线的产品种类较多，主要有眼线液、眼线粉（膏）、眼线笔。

(1) 眼线液。眼线液为半流动状液体，配有细小的毛刷。眼线液的特点是上色效果好，但操作难度较大。

使用方法：用毛刷蘸眼线液后，沿睫毛根描画。描画时，手要稳，用力要均衡。

(2) 眼线粉（膏）。眼线粉（膏）为块状，其最大的特点是晕染层次感强、上色效果好、不易脱妆。

使用方法：用细小的化妆刷蘸水后，再蘸取眼线膏（粉），沿睫毛根进行描画。

(3) 眼线笔。眼线笔外形如铅笔，芯质柔软。特点是易于描画、效果自然。

使用方法：用眼线笔沿睫毛根部直接描画即可。

（五）睫毛膏

用于修饰睫毛的化妆品。使用睫毛膏可使睫毛浓密，增加眼部神采与魅力。睫毛膏的色彩齐全，可分为无色睫毛膏、彩色睫毛膏、加长睫毛膏等多种。

使用方法：用睫毛刷蘸取睫毛膏后，从睫毛根部向上、向外涂刷。待其完全干后再眨动眼睛，以防弄脏眼部皮肤。

（六）眉笔

眉笔是描画眉毛的工具，为铅笔状，颜色有黑色、棕色、灰色。

使用方法：用眉笔在眉毛上描画，力度要均匀，描画要自然柔和，以体现眉毛的质感。

（七）胭脂

胭脂是用来修饰面颊的化妆品。它可矫正脸形，突出面部轮廓，统一面部色调，使肤色更加健康红润。常用的胭脂可分为粉状、膏状两种，美容化妆常用粉状胭脂。

(1) 粉状胭脂。胭脂外观呈块状。它含油量少，色泽鲜艳，使用方便，适用面广。使用方法：在定妆之后，用胭脂刷涂于颧骨附近。

(2) 音状胭脂。膏状胭脂外观与膏状粉底相似，它能充分体现面颊的自然光泽，特别适合干性、衰老皮肤和透明妆使用。

使用方法：在定妆之前，用手或化妆海绵涂抹于颧骨附近。

（八）唇膏

唇膏是所有彩妆化妆品中颜色最丰富的一种。它用于强调唇部色彩及立体感，具有改善唇色，调整、滋润及营养唇部的作用。唇膏按其形状划分，有棒状、软膏状两种。唇彩也属于唇膏类。

（1）棒状唇膏。此种唇膏使用较为广泛，易于携带，使用方便。

（2）软膏状唇膏。这种唇膏一般放在盒中，最大的特点是可以随意进行颜色的调配，是专业化妆师的首选。

使用方法：用唇刷将唇膏涂于唇线以内的部位。涂抹要均匀，薄厚要适中。

（九）唇彩

使用唇彩可以突出唇部的立体感。唇彩质地细腻、光泽柔和、颜色自然，使用后会使唇部显得润泽，一般和唇膏配合使用。

使用方法：用唇刷将唇彩涂于唇部中央。

（十）唇线笔

唇线笔外形如铅笔，芯质较软，用于描画唇部的轮廓线。唇线笔配合唇膏使用，可以增强唇部的色彩和立体感。选择唇线笔的颜色时应注意与唇膏属于同一色系，且略深于唇膏色，以便使唇线与唇色相协调。

使用方法：根据化妆对象的条件描画出理想的唇型。

三、化妆品的化学作用

（一）散粉

散粉又称扑粉或香粉，是粉底产品中历史最悠久的一种。它的外观为白色、肉色或粉红色的粉末，除了具有不同香气和色泽的区别外，还可以根据使用的效果不同分为不同遮盖力、

吸收性和黏附性的产品，配方中含较多粉质颜料，适宜油性皮肤者使用，多在使用霜、脂型护肤品之后敷用，能消除光泽并使皮肤有细腻感，也可在美容化妆全部完成后，敷粉作定妆用。

配方：滑石粉、高岭土、碳酸钙、碳酸镁、氧化锌、钛白粉、硬脂酸锌、硬脂酸镁。

制法：香粉的制造过程包括混合、研磨、过筛、灭菌和包装，先将香精加入部分碳酸镁（活性炭酸钙）中搅拌均匀，再将色素与滑石粉在球磨机中研磨，加入其他粉料混合，研磨后再通过卧式筛粉机，最后灭菌、包装。

不同类型的香粉分别使用于不同类型的皮肤和不同的气候条件，多油性的皮肤适宜使用吸收性较好的产品，而干燥性皮肤使用的香粉则要减少碳酸镁和碳酸钙的用量，还可以在香粉中加入脂肪原料，称为加脂香粉。

（二）粉饼

为了便于携带，常将散粉压实固化成粉饼，其原料和功能几乎和散粉相同，只是为了便于结块，含滑石粉、高岭土较多，还需另外加入少量油分和黏合剂。这种产品多半携带出外使用，所以应能耐一定的冲击强度，为此需要确定混合研磨方法、最佳成型压力和压缩方法等。

配方：滑石粉、高岭土、异十三醇、二氧化铁、白油、失水山梨醇单油酸酯、山梨醇、丙二醇、羧甲基纤维基、颜料、香料。

制法：将滑石粉和麻料混合着色后，与其他粉料一起充分搅拌均匀，加入黏合剂，再将香料喷雾加入，转入粉碎机粉碎，过筛，压缩成型。

（三）粉底乳

粉底乳又称粉底蜜，可直接涂抹在脸上，具有容易涂抹、

不油腻、清爽等优点，适合于社交场合的快速定妆。

粉底乳是将粉料添加在乳液中，由粉料、油脂、水经乳化而成，与单纯的乳液相比，稳定性较差，对配方和工艺的要求也较高。在颜料的选用、油相的组成、乳化剂的选用、乳化方法和胶体的利用上，有许多问题需研究。与普通乳液相比，由于粉底乳中无机颜料的种类不同，颜料表面的不同亲水性会发生对油－水分散的不均衡，而颜料表面溶出的离子则可能同表面活性剂作用。例如，用脂肪酸皂作表面活性剂时，从颜料表面溶出的高价金属离子会和表面活性剂作用生成不溶性的脂肪酸盐，使体系变得不稳定，这些都是需要考虑的。另外，为了防止颜料沉降和油－水两相分离，可利用保护胶体，如膨润土、高碳醇等。

配方：一氧化铁、滑石粉、硬脂酸、丙二醇硬脂酸醇、鲸蜡醇、白油、羊毛脂、肉豆蔻酸异丙酯、去离子水、羧甲基纤维素、膨润土、丙二醇、三乙醇胺、颜料、香精、防腐剂。

制法：将二氧化铁、滑石粉和颜料混合研磨（粉末相），去离子水中加丙二醇、三乙醇胺溶解（水相），将粉末相加入水相，用乳化剂使粉末分散均匀，保持在70℃（混合相）。其他成分混合，加热溶解，保持在70℃（油相）。将混合相加入油相中进行乳化，乳化后边搅拌边冷却，至室温停止。

（四）粉底霜

粉底霜是将粉料添加到乳化膏霜中形成的，如在雪花膏配方中，添加适量的钛白粉、滑石粉或高岭土等粉料，就是最基本的粉底霜。这种粉底含油性成分较多，对皮肤的黏附性及遮盖力均强，且耐温性好，适合需要掩盖皮肤缺陷的人使用，既可修饰肤色，又有护肤润肤的作用，而且使用方便、效果自然、容易卸妆，很受消费者欢迎。

配方：滑石粉、高岭土、二氧化铁、白油、失水山梨醇单油酸酯、石蜡、羊毛脂、去离子水、颜料、香精、防腐剂。

制法：将滑石粉、高岭土、二氧化铁和颜料混合，用粉碎机粉碎后，分散在溶化的油相原料中，再将水溶性原料溶解在水相中，水相和油相混合乳化即可。

（五）唇膏

唇膏又称口红，可以赋予嘴唇动人的色彩和美丽的外形，同时还对嘴唇具有滋润保护的作用，是应用最为普遍的一种美容用品，我国古诗中“朱唇一点桃花殷”形象地描述了唇膏对于美容的作用。

由于唇膏是涂抹在嘴唇上的，要求其应具备以下性能：涂抹颜色要清晰，轮廓外形不能模糊；使用时滑爽无黏滞感；外观颜色和涂抹颜色要一致；使用一次后能在嘴唇上保持数小时不脱落、不化开，色泽持久不变；在夏季使用时不变形、不软化、不断裂等。

唇膏主要由着色剂和油性基质组成，其制造原理就是将着色剂分散在油性基质中。

1. 着色剂

近年来，唇膏中的着色剂品种越来越多，除了常见的红色系列外，还有金色系列、银色系列、紫色系列甚至灰色系列，特别是珠光颜料的使用，使唇膏的色调、质感越来越丰富。按照性能的不同，唇膏中的色素可分为三类，即可溶性染料、不溶性染料和珠光染料。最常见的可溶性染料是溴酸红染料，也称曙红，它是溴化荧光素染料的总称，包括橘红色的二溴荧光素、朱红色的四溴荧光素、紫色的四溴四氯化荧光素等。溴酸红制成的淡青红色唇膏，涂在嘴唇上，由于 pH 值的改变而呈玫瑰红色，又称为变色唇膏。溴酸红染料对嘴唇有牢固持久的附着力，常与其他颜料合用，使色彩牢固。溴酸红不溶于水，在一般的油、脂、蜡中溶解性很差，要有优良的溶剂才能产生良好的显色效果。

不溶性颜料包括有机颜料、有机色淀颜料和无机颜料。有机颜料色泽品种很多，可按需要进行调配。不溶性颜料主要是色淀，它是极细的固体粉末，经搅拌和研磨后，加入油性基质中，涂在嘴唇上能留下一层艳丽的色彩，但附着力不好，必须同溴酸红染料合用。无机颜料如二氧化铁，加入少量可增加遮盖力和调色效果，如果加入量较多，制得的唇膏色调差，但覆盖力大、亮度好。

珠光颜料主要采用天然鱼鳞、氯化钴和云母－二氧化铁。天然鱼鳞色泽变化少，资源有限，产品的质景不稳定，价格也高，所以很少采用。氯化钴虽然价格便宜，但稳定性却较差。云母－二氧化铁膜则由于综合性能优异而成为珠光颜料的主流，该产品使用平滑薄片的云母为核，在其表面形成一层均匀的二氧化铁膜。随着二氧化铁膜的厚薄不同，使珠光色泽由银白色至金黄色不等。

2. 油性基质

油性基质包括油、脂、蜡，是唇膏的主体，含量约占90％，对唇膏的性质起重要的作用。除了要求对颜料具有良好的分散性外，还必须具备一定的触变性，也就是柔软性，以便于均匀地涂敷在嘴唇上。在炎热的天气中不软、不溶、不走油，在寒冷的季节不干、不脆裂，使嘴唇润滑、有光泽又不过于油腻。

（1）油类。油类中使用较多的是精制药用蓖麻油，它能溶解少量溴酸红，赋予膏体适当的黏性，提高唇膏与嘴唇的黏附性。它还是唯一的高黏度植物油，在浇模时能使颜料沉降较慢，还能改善膏体渗油现象。但如果在唇膏中含量过高，会形成黏厚油腻的薄膜，使涂抹时有黏滞的感觉，所以其用量一般应控制在12％～15％。白油为唇膏的滑润剂，但它常会影响唇膏的黏着性，遇热还会软化析出油，现已逐渐被取代。

（2）蜡类。使用蜡是为了提高产品的熔点，保持棒状形

态。蜡类中的巴西棕榈蜡、小烛树蜡、蜂蜡和地蜡统称为硬蜡，少量使用就可提高产品的熔点，常用做唇膏的硬化剂，保持棒状唇膏的形状。其中，地蜡还可以较好地吸收白油，使唇膏在浇模时收缩而与模型分开；巴西棕榈蜡和小烛树蜡使用少量即可大大提高唇膏的硬度，并可保持膏体表面的光亮；蜂蜡的黏附性好，与唇膏中的其他成分相容性好，在提高唇膏熔点的同时不会严重影响硬度，可以缓和其他硬蜡含量过高引起的脆性。

（3）脂类。脂类原料的主要作用是使唇膏中各种油、蜡混合均匀，还有助于颜料的分散，其中尤以羊毛脂及其衍生物的应用最为广泛。适量加入羊毛脂，对防止油相的油分析出，抵抗温度和压力的突然变化有很大作用。它还是一种良好的滋润剂，是唇膏不可缺少的原料，用量为10%～30%。值得一提的是，可可脂的熔点接近体温，使唇膏很容易涂敷在嘴唇上，但用量太大，会使唇膏表面失去光泽，一般最高用量不超过6%。

唇膏的制造是利用蓖麻油等溶剂对色素原料的溶解性，使其溶解，并混合于油、脂、蜡中，经三幅机研磨及在真空脱泡锅中搅拌，脱除空气泡，制成细腻致密的膏体，浇模成型，再经过文火烘烤，制成表面光洁、细致的唇膏。主要可分为颜料的研磨、色浆与基质的混合、真空脱泡、铸模成型、表面上色共5个步骤。

（六）膏状胭脂

膏状胭脂又称为胭脂膏，是将颜料分散在油性基质中制成的。其配方中油脂含量占70%～80%，特点是使用方便、涂展性好，适合浓妆或演员化妆用。

将粉料和颜料烘干后磨细过筛，混合均匀，再加入加热融化的油脂中，用滚筒机研磨，调色后真空脱气即成。

（七）眉墨

眉墨是用来修饰眉毛的化妆品，其目的是在用剃刀、镊子等将眉毛整形后，再用眉墨画出需要的形状，使眉毛浓厚、眉形纤巧。眉墨包括粉饼型和笔型两种，粉饼型眉墨外观似粉饼和胭脂，使用时用笔刷来涂描，色彩丰富，但使用不便，它的配方和工艺都与胭脂粉饼相似，这里不再介绍。近年比较流行的是笔形眉墨，又称眉笔，和铅笔相似，是将笔芯黏合在木杆中，使用时用刀把笔头削尖。还有一种眉笔像活动铅笔，将笔芯装在细长的金属或塑料管内，使用时将笔芯推出即可。眉笔采用油、脂、蜡和颜料配制而成，原料的配比不同会影响到笔芯的硬度和滑度，笔芯太软，容易折断，太硬则难以描画而使皮肤发生炎症，因此其硬度应控制在适当的范围内。

（1）铅笔式眉墨。铅笔式眉墨的笔芯由于有外部木料的保护作用不容易折断，笔芯可以稍软，以便于描画，一般配方中含有的油分较多。

配方：氧化铁（黑）、滑石粉、高岭土、珠光剂、野漆树蜡、硬脂酸、蜂蜡、硬化蓖麻油、凡士林、羊毛脂、角鲨烷、防腐剂、抗氧化剂。

制法：铅笔式眉墨笔芯的制法采用压条的方法，先将颜料、粉料烘干，磨细，过筛，再与熔化好的油、脂、蜡等原料混合搅拌均匀，倒入浅盘内冷却，凝固后切片，经三辐机研磨数次，放入压条机压注成笔芯，先将原料的自然结晶研碎后再压制成型，笔芯较软且韧。

（2）活动铅笔式眉墨。这种眉墨的笔芯是裸露在外的，由于没有木料部分的保护，要求笔芯有一定的强度，一般配方是在铅笔式笔芯的基础上增加石蜡量以减少油分。生产工艺则采用热熔法，先将颜料和部分油脂、石蜡混合，在三辐机里研磨均匀成为颜料浆，再将其余的油脂蜡加热熔化，加入颜料浆搅拌均匀，在热溶的情况下浇入模子里制成。

（八）眼影

眼影用于涂描眼睑处形成阴影，使眼睛富于立体感，以达到增强眼睛神采的目的。眼影的色调是眼部化妆品中最丰富的，从蓝色、棕色、灰色等暗色调到绿色、橙红色和桃红色的亮色调都有，还有珠光色调的眼影，它可使眼部的修饰看起来更加有光泽和质感。

按照剂型的不同，眼影可分为膏状和固体状。

(1) 膏状。膏状眼影称眼影膏，它有油性和乳化型两种，油性眼影膏是将颜料粉体均匀分散于油脂和蜡基中的混合物，其中不含水，适用于干性皮肤，化妆的持久性较好。乳化型眼影膏则是将颜料分散在乳化体中得到的，适用于油性皮肤，但化妆的持久性比油性眼影膏差。眼影膏使用时可用手指或特制海绵刷等工具涂描。

配方：凡士林、白油、羊毛脂、巴西棕榈蜡、PEG－6 圭基酚醚或滑石粉、硬脂酸、硬脂酸单甘酯、肉豆蔻酸异丙酯、硅铝酸镁、三乙醇胺、去离子水、丙二醇、珠光颜料、无机颜料、香料、防腐剂。

(2) 固体状。固体状眼影包括粉饼状、圆柱状和铅笔状，其中粉饼状是目前最流行的一种眼影化妆品，它是将各种色调的粉末在小浅盘上压制成型后，装于一小化妆盒内，携带和应用都很方便。眼影粉饼的配方和制法与饼状胭脂和打底粉饼相似，但着色颜料含量较高。

配方：滑石粉、硬脂酸锌、群青蓝、黑色氧化铁、氢氧化铬、黄色氧化铁、云母－二氧化铁、羊毛脂、蜂蜡、白油。

（九）睫毛化妆品

美丽的眼睛如果缺少长而浓密的睫毛，会像没有纱缦的窗户，显得过于直白，缺少韵味，而睫毛化妆品可以使睫毛增加光泽和色泽，以弥补睫毛较短、纤细和色淡的不足，使睫毛显

得浓密、饱满、修长而富有弹性。睫毛化妆品的色调有黑色、棕色和青色，可根据皮肤和服饰的需要加以选择，睫毛化妆品要求具备以下特性：

· 对眼睛无刺激性。

· 附着均匀，不引起睫毛黏结成块。

· 有使睫毛卷曲的效果。

· 有适度的光泽和一定的干燥速度，干后不粘上下眼皮。

· 有抗水性能，不怕汗水、泪水或雨水的浸润。

睫毛化妆品根据使用性能的不同，可分为防水型和耐水型两种。防水型主要是蜡基和颜料分散于挥发性碳氢溶剂的体系，耐水型主要是以硬脂酸、皂基为基质的体系。这类配方耐水性好，涂在睫毛上感觉柔软，易于卸妆，对眼睛刺激性小。按照剂型的不同，又可分为膏状、液状和块状三种，这三种睫毛化妆品都要有卷刷睫毛的小刷子配合使用。

(1) 睫毛膏。这是睫毛化妆品中最为流行的一种，具有容易涂敷、不会流下、睫毛不容易结块的优点。睫毛膏是以油脂、蜡、三乙醇胺为主要成分制成乳化型膏霜，加上颜料，装上软管，使用时只要将膏体挤在小刷子上就可以了。

目前市场上可供选用的睫毛膏种类很多，如浓密、滋养、防水型等，功能各不相同，无论拥有哪一款，在使用技巧上都应该注意以下问题。

在打开睫毛膏时，不要将睫毛刷直接拉出来，而是要将睫毛刷慢慢拉出来，在开口处旋转一下，将多余的睫毛液去掉。

涂睫毛膏时不要用睫毛刷从睫毛中间开始涂起，而是用睫毛刷从睫毛根部由内往外涂。

若选用有凹面的睫毛膏，如美宝莲奇妙特翘睫毛膏，在涂睫毛时要用睫毛刷的凹面由内往外刷，再用其凸面在眼尾处由内往外刷。

涂下睫毛时，将睫毛刷的头部以“Z”字形来回扫动。刷

完第一层并待稍十后，用睫毛夹夹上睫毛，再涂睫毛膏。

配方（防水型）：蜂蜡、地蜡、硬脂酸、三乙醇胺、硬脂酸铝、蚕丝粉、石油醚、防腐剂、颜料。

制法：将硬脂酸铝、三乙醇胺加入溶剂中加热至 90℃熔解，蜡类加热熔解后也加入溶剂中，再加入颜料搅拌至室温，不使颜料沉淀。

（2）睫毛液。睫毛液最重要的特征是容易涂在睫毛上，要求液体的黏度基本上要调节到高于眼线膏的黏度，有时可添加少量烃类合成树脂。为了使睫毛看起来浓密、丰满而且长，睫毛液中可配加尼龙或人造纤维。

配方：氧化铁、聚丙烯酸酯乳液、固体石蜡、羊毛脂、聚异丁烯、失水山梨醇单油酸酯、去离子水、香料、防腐剂。

（3）睫毛饼。以硬脂酸三乙醇胺皂和蜡为主要成分，加上颜料，做成长方形块状，使用时先把睫毛刷用水润湿，在睫毛饼上轻轻涂刷后，就可以涂刷睫毛了。

配方：硬脂酸、三乙醇胺、硬脂酸三乙醇胶、蜂蜡、巴西栋榈蜡。

（十）眼线化妆品

眼线化妆品是用来在眼皮的边缘沿下睫毛的根部描画出细线，可扩大和突出眼睛的轮廓，修饰和改变眼形，使眼睛层次清晰、明亮妩媚。

眼线化妆品由于是在眼部使用，要特别注意安全，较理想的眼线制品应具备以下性能。

（1）无毒性和绝对无刺激作用。

（2）容易描画线条。

（3）涂抹的干燥速度比较快。

（4）涂抹十燥后柔软，有耐水性和耐油性，不易因汗水脱落。

（5）便于卸妆。

眼线化妆品有固态和液态两种，其中眼线液是较流行的眼线产品，一般装在小瓶内，并以纤细绒毛状的笔附于瓶盖。使用时取出瓶盖，毛笔就沾上眼线液，沿睫毛生长之边缘，描画一道细细的线。眼线液有油剂和水剂之分，水剂包括薄膜型和非薄膜型。固态眼线包括眼线饼和眼线笔。蜡笔形眼线笔也很流行，其包装与唇膏相似，可旋出或收回，但直径较细小。

第二节　化妆工具知识

一、化妆工具分类

镊子：有圆头镊子和平头镊子，用于修眉。

小剃刀：可以快速修掉面部和身体上的细毛。

小剪刀：剪刀头略弯，用于修眉和修剪其他化妆用品，如美目贴等。

削笔刀：削眉笔、眼线笔、唇线笔。

棉签：修整面部瑕疵和画坏的部分。

美目贴：市场上有已成型的美目贴和不成型的美目贴产品，可以人为塑造双眼皮的效果，或者加宽原有的双眼睑。

海绵：上底妆时使用，这种海绵的孔很细，握在手里富有弹性，可用多块海绵上不同的底妆色彩。

粉扑：在定妆时使用，里面塞有棉花或海绵，用来扑定妆散粉，也可以在手上，避免手和面部直接接触。

卷睫毛器：有人工的和电动的两种，可把自然睫毛夹弯或把自然睫毛和假睫毛夹到一起。

假睫毛：假睫毛的样式很多，以黑色居多，也有彩色的，有自然型、单束型和加长加密型之分。

粉刷：粉刷在外形上比其他刷子要大，用来刷掉脸上多余的散粉。

轮廓刷：塑造脸部的轮廓和阴影部分。

腮红刷：有斜头、扇形和圆头之分，不同颜色的腮红选择刷子时要区别开。

眼影刷：刷头较小，在画各种色调时刷子要分开。

唇刷：刷头很小，用来涂抹唇色或者调和各种唇色。

眉刷：斜头的小刷子，可以把眉毛上的颜色刷均匀。

眼线笔：毛制成的细笔，蘸上颜色就可以画出各种眼线。

粗笔刷：提亮面部的高光部位。

二、化妆工具使用

化妆工具与修饰类化妆品是完成人物化妆造型的基础条件，二者相辅相成、缺一不可，它们具有同等重要的地位。因此，在学习化妆造型技巧之前，要对有关的化妆用具加以了解，从而在化妆实践中得心应手，运用自如。

（一）常用化妆用具

为了能达到更好的化妆效果，需要选择一些常用的化妆用具。目前常用的化妆用具种类繁多，这里分别介绍各种化妆用具的用途、性能及特点。

1．粉扑

粉扑是扑按蜜粉的定妆用具。在选用时，要选择纯棉且棉质细密的粉扑。

使用时用一个粉扑蘸上蜜粉，与另一个粉扑相互揉擦，使蜜粉在粉扑上分布均匀，再用粉扑扑按皮肤。另外，为了避免化妆师的手蹭掉化妆对象脸上的妆，化妆师化妆时应用手的小拇指套上粉扑进行描画，这样手指不直接接触面部，以避免破坏妆面。

2．化妆刷

（1）掸粉刷。用来扫去脸上多余的浮粉，是化妆刷中最大

的一种毛刷，其质地柔和、不刺激皮肤。此外，还有一种刷头呈扇形的粉刷，多用于下眼睑、嘴角等细小部位。

在定妆后用刷子的侧面轻轻将浮粉掸去。

（2）亮粉刷。亮粉刷是在额头、鼻梁、下额等部位涂抹亮色化妆粉或在眼部涂亮色眼影粉时使用的刷子。应选用宽度在1 cm以上的眼影刷。

化妆后，为了强调立体感，可将内色及明亮的米色涂于需要修饰的部位。

（3）轮廓刷。轮廓刷用于外轮廓修整。可以选择刷毛较长且触感轻柔的，端呈椭圆形的粉刷。蘸阴影色，在面部的外轮廓及需显凹陷的部位进行涂刷和晕染。

（4）眼影刷。眼影刷有两种类型，一种为毛质眼影刷，另一种为海绵棒。它们都是眼部修饰用具，不同之处在于海绵棒要比眼影刷晕染的力度大、上色多。毛质眼影刷质量要求较高，应具有良好的弹性。眼影刷要专色专用，最好备有几把大小各异的眼影刷。

使用时将蘸有眼影粉的毛质眼影刷或海绵棒在上下眼睑处进行晕染。

（5）胭脂刷。它是用于涂腮红的用具。胭脂刷需要用富有弹性、大而柔软、用动物毛制成的前端呈圆弧状的刷子。

使用时，用胭脂刷蘸上胭脂由鬓角处沿颧骨向面颊轻扫。

（6）唇刷。用于涂唇膏的化妆用具。唇刷最好选择顶端刷毛较平的刷子。这种形状的刷子有一定的宽度，刷毛较硬但有一定的弹性，既可以用来描画唇线，又可以用来涂抹全唇。

使用时用唇刷蘸唇膏，均匀涂抹于整个唇部。

（7）眉刷。它是用于描画眉毛的用具。刷头呈斜面状，毛质比眼影刷略硬。用眉刷画眉毛比较柔和。

使用时蘸眉粉在眉毛上轻扫，加深眉色；也可用于在画好的眉毛上轻扫，使眉色均匀自然。

（8）眼线刷。用来描画睫毛线的化妆用具。眼线刷是化妆用具中最细小的毛刷。

使用时蘸上眼线膏或深色水溶性眼影粉，在睫毛根处描画。

（二）其他用具

（1）美目贴。美目贴是矫正眼形的化妆用品，是带有胶性的透明胶纸，其通过粘贴，可改变双眼睑的宽度，也可矫正下垂松弛的上眼睑。美目贴为透明或半透明的卷状胶带。

使用时根据修饰需要，将美目贴剪成弧形，贴于眼睑的适当部位。

（2）假睫毛。假睫毛可以增加睫毛的浓度和长度，为眼部增添神采。假睫毛一般有完整型和零散型两种。完整型是指呈一条完整睫毛形状的假睫毛，适用于浓妆；零散型是指两根或几根组成的假睫毛，适合局部睫毛残缺的修补，也适合淡妆中睫毛的修饰。

完整型假睫毛使用前要先进行修剪，然后用化妆专用胶水将其固定在睫毛根处。零散型假睫毛是用专用胶水将假睫毛固定在真睫毛上，并与真睫毛融为一体。

（3）睫毛夹。睫毛夹是用来卷曲眼睫毛的用具。睫毛夹夹缝的圆弧形与眼睑的外形相吻合，使睫毛被挤压后向上卷翘。在选购时，应检查橡皮垫和夹口咬合是否紧密，如夹紧后仍有细缝，则无法将睫毛夹住。睫毛夹松紧要适度，过紧则会使睫毛不自然。

使用时先将睫毛置于睫毛夹咬合处，再将睫毛夹夹紧。操作时从睫毛根部、中部和梢部分别加以弯曲。睫毛夹固定在一个部位的时间不要太长，以免使弧度太过而显生硬。

（4）修眉镊。用于拔除杂乱的眉毛，是将眉毛修成理想眉形的用具。美容常用的修眉镊通常选用圆头镊在选购时，要注意镊嘴两端里面的平整与吻合，否则无法将眉毛夹紧拔掉。

使用时用修眉镊将眉毛轻轻夹起，并顺着眉毛的生长方向一根一根地拔除。

（5）修眉剪。修眉剪是用于修剪眉毛及假睫毛的用具。修剪眉毛时，剪刀的前端需要紧贴着皮肤修剪，注意一定不要刮伤皮肤。同时，修眉剪不能用于剪指甲、头发、纸张或其他物品，以免破坏刀头及刀锋。

使用时先用眉梳按眉毛的生长方向梳理整齐，将超过眉形部分的眉毛剪掉。

（6）修眉刀。修眉刀用于修整眉形及发际处多余的毛发。

使用时将皮肤绷紧后，刀片与皮肤呈45°角，将多余的毛发刮掉。

（7）眉梳与眉刷。眉梳是梳理眉毛和睫毛的小梳子，梳齿细密，有时也被称为睫毛梳。眉刷是整理眉毛的用具，形同牙刷，毛质粗硬。在化妆工具中眉梳和眉刷常常被制作成一体。

在使用时，用眉梳把眉毛梳理整齐，这样便于眉毛的修剪，眉梳还可以将涂睫毛膏时粘在一起的睫毛梳通。具体的操作是，从睫毛根部沿睫毛弯曲的弧度向上梳，眉刷的具体用法是，在画过的眉毛上，用眉刷沿着眉毛的生长方向轻轻刷动，使眉色协调。

常用的化妆材料有纸巾、化妆海绵、棉棒、棉片等。

（三）化妆工具选择与保养

化妆“出彩”的关键在于化妆刷，因此，化妆刷的选择与保养很重要。

1. 化妆刷的选择

（1）眼影刷。眼影刷的刷毛一般分为动物毛与合成毛两种。动物毛本身有一层保护膜，富有弹性而且蘸粉力比较强；而合成毛刷则比较滑，看上去更亮些，但弹性不够，不易将眼影粉涂抹均匀。优质的刷子应该制作精美，具有良好的弹性，

结实耐用，不易掉毛。

（2）胭脂刷。胭脂刷需要大而松软、富有弹性。制作精良的动物毛刷，毛质要纯正，不易掉毛。胭脂刷要保持干净，如化妆时需要涂两种颜色，最好备有两把胭脂刷。

（3）唇刷。唇刷是一种扁平的狼毫笔，也叫化妆笔。质地好的化妆笔应该笔头形状完整，笔毛排列整齐，无杂毛和分叉，质柔软而富有弹性。

2. 刷子的保养

（1）刷子应每两周用精纯的洗发液清洁一次，清洗时只洗刷毛，并顺着笔毛拍打，切忌刷抹，否则会使之变形。洗净后平放阴干。

（2）每月用吹风机保养一次刷毛，使其保持柔软。

（3）唇刷在每次用完后，应用软纸蘸上清洁霜，顺着笔毛擦拭干净，这样既可以保持笔的卫生，又可令唇膏色泽鲜明、不易混色。

第三节　化妆安全知识

一、化妆品的保管与鉴别

化妆品是直接涂于皮肤表面的产品，好的化妆品能够滋润、营养皮肤，而劣质的化妆品对皮肤有一定的刺激作用，长期使用容易引起各种皮肤病变。因此，化妆师必须了解有关保管与鉴别化妆品的常识。

化妆品的保管与鉴别是十分重要的，妥善保管化妆品对保证其功效的发挥有着不可估量的作用。化妆品如果存放时间过久或保存不当，很容易变质。化妆品在保管时应防污染、防热、防潮、防晒、防冻、防挤压。

二、常用化妆品的使用、保存期与品质鉴定

(1) 胭脂。每日使用1次。保存期为膏状2年，粉状3年。变质性状表现为变味、结块、干裂、析出粉状物、变色。

(2) 眼线笔（液）。每日使用1次。保存期为液体6～12个月，固体笔2～3年。变质性状表现为液体变干枯或水粉分离，笔状则为脱色。

(3) 眼影。每日使用1次。保存期为粉状2～3年，乳状1年。变质性状表现为粉状，析出油分，碎为细屑；乳液状表现为结块。

(4) 粉底。每日使用1次。保存期为液体装2～3年，粉装3年。变质性状表现为乳液型，水油分离、变味、变色，粉状变光滑或发霉。

(5) 唇膏。每日使用2次。保存期为2～3年。变质性状表现为溶化，产生异味。

(6) 睫毛液。每日使用1次。保存期为3～6个月。变质性状表现为十燥、结块、析出油分。

(7) 蜜粉。每日使用1～2次。保存期3年。变质性状表现为油分析出，表面变得光滑。

除此之外，在使用化妆品时必须细致审阅化妆品的生产日期、保质期及产品说明书，本书所列举的内容仅供参考。

三、化妆护理安全知识

化妆是为了美化容貌，但美的容貌不能完全依赖于化妆，更不能一味地追求化妆所产生的美感而忽视了皮肤本身的美和健康。作为化妆师，在熟练掌握化妆技术的同时，更应懂得对化妆皮肤的正确护理，使人们在通过化妆美化容貌的同时又拥有健康而漂亮的肌肤。

面部皮肤常暴露在外，皮肤上很容易附着一些对皮肤有害的尘埃、致敏物和细菌等物质，如再加上皮肤自身的一些代谢产物，都会影响到皮肤的健康。如果在化妆前不将皮肤清洁干净，皮肤上的众多附着物会与化妆品混合在一起，牢牢地覆盖在皮肤的表面，给皮肤带来严重的损伤，这也是很多问题皮肤的诱因。

在进行化妆前的清洁时，化妆师一般要站在化妆对象的右侧，用右手完成清洁工作，左手辅助。具体操作是先将洗面奶或清洁霜涂在面部，然后用手指在面部打圈进行清洁。清洁时，要一个部位一个部位按顺序进行。一般面部清洁的顺序是：额头→眼周→面颊→下巴→口周→鼻。清洁后，先用纸巾将面部的清洁霜或洗面奶擦净，然后再用湿棉片或湿毛巾将面部擦干净。化妆前的清洁与皮肤护理中的清洁很相似，不同之处在于化妆前的清洁化妆师要采用站立姿势并用单手操作，不能像皮肤护理的清洁那样，用双手在面部两侧同时进行。

（一）卸妆

做好卸妆工作对化妆皮肤的健康非常重要。由于化妆是借助化妆品往皮肤表面的附着来实现的，而粉饰类化妆品都具有较强的遮盖性，长期使用会影响皮肤正常的呼吸和排泄等功能，所以化妆后要及时、彻底地卸妆，以免皮肤受到损害。卸妆不彻底、卸妆方法不正确或力度过大等也会损害皮肤的健康。卸妆应注意以下两个问题。

（1）卸妆时要正确选择卸妆用品。常用卸妆用品有卸妆油、清洁霜和卸妆液等。卸妆油用于油彩化妆的清除，其中所含的矿物油成分可充分溶解皮肤上的化妆品，清洁霜主要用于日常淡妆及粉质化妆品的清洁，卸妆液可用于眼部和嘴唇的卸妆。

（2）卸妆时应从局部到整体按顺序进行，这样面部的一些细小部位不致被遗漏，可使卸妆较为彻底。卸妆的顺序为：睫毛→眼线→眼影→眉→嘴唇→整个面部。在清洗时应注意手力

适中、卸妆彻底，如发现哪个部位卸妆不彻底，要重复清洗直至干净为止。

（二）皮肤的日常保养

（1）准确合理地选择化妆用品。选择化妆品主要依据的是皮肤的类型。如油性皮肤要选择油分含量低的化妆用品，而干性皮肤要选择油分含量高的化妆用品。在选择时还应考虑到季节因素，如在热而潮湿的季节，应选择比平时所使用的化妆品更清爽的化妆品；而在冷而干燥的季节，要选择比平时所使用的化妆品的油分含量更高一些的、保湿性更强的化妆品。除此之外，年龄、环境等也是应考虑的因素。总之，在选择化妆品时考虑得越全面，对皮肤的健康越有益处。

（2）做好润肤。所谓润肤，是指在清洁后的皮肤上涂抹与肤质相适应的营养液和润肤霜使皮肤得到滋润的过程。化妆前的润肤对保护皮肤起着很重要的作用，特别是经常化妆的人对此更应重视。因为认真细致的润肤可以使皮肤得到充分的滋润和保护，可消除化妆品对皮肤的影响，尤其是在化妆前更要做好润肤工作，这样可以在皮肤和化妆品之间架起一道安全防线。润肤一定要仔细认真，不能马虎。

（3）控制带妆时间。带妆时间过长，会影响皮肤的呼吸和排泄功能，从而损害皮肤的健康。这一点，油性皮肤者、敏感皮肤者及经常化浓妆者更需特别注意。带妆时间最好不超过 4 h，如遇特殊情况需长时间带妆，要在化妆后 4 h 左右设法卸妆让皮肤休息一下，然后再化妆。

（4）就寝前的卸妆。在晚间 10 时至次日凌晨 2 时间，皮肤细胞新陈代谢最为活跃，是皮肤最佳的修复期。如果此时皮肤处于带妆状态，会对皮肤造成严重损害，因此就寝前一定要彻底卸妆。

参考文献

[1] 人力资源和社会保障部教材办公室组织. 化妆师. 北京：中国劳动社会保障出版社，2018.

[2] 王俊峰. 化妆师. 天津：天津科学技术出版社，2017.

[3] 徐永刚. 化妆师不能说的秘密. 北京：电子工业出版社，2016.

[4] 沈小君. 化妆师，基础知识. 北京：中国劳动社会保障出版社，2016.

[5] 沈小君. 化妆师，中级. 北京：中国劳动社会保障出版社，2016.

[6] 沈小君. 化妆师，初级. 北京：中国劳动社会保障出版社，2016.

[7] 康静文. 化妆师. 北京：中央广播电视大学出版社，2013.

[8] 辰辰. 化妆师生存手册. 北京：人民邮电出版社，2012.